餐桌上的偽科學系列

偽科學

從食安、病毒到保健食品，頂尖醫學期刊評審的50個有問必答

檢驗站

林慶順教授
Ching-Shwun Lin,PhD —— 著

偽科學，細說從頭

　　兩年前，我第二度接受「張大春泡新聞」的廣播訪問時，張先生指著我新書封面上的英文書名中的「Bad Science」，笑著問我為什麼會用這樣的壞英文（Bad English）。我跟他說，「偽科學」的正確英文是「Pseudoscience」，但因為出版社擔心一般民眾比較不熟悉，所以選用較通俗的前者來做為偽科學的英文對應。不過，我後來發現，其實有一本 2008 年出版的英文暢銷書，名字就叫做 Bad Science，所以這也不見得就真的是壞英文。不管如何，偽科學到底是什麼意思呢？根據韋氏詞典（Merriam-Webster dictionary）的定義，Pseudoscience 是「一個在理論，假設和方法上被錯誤認為是科學的體系」。又根據「牛津參考書」（Oxford Reference），偽科學往往是源自於聲稱，民間智慧或選擇性閱讀，而沒有獨立的數據或驗證。

權威人士，也可能提倡偽科學

　　舉個例子好了，我在文章中提過多次的雙料諾貝爾獎得主

萊納斯・鮑林（Linus Pauling，1901 － 1994，1954 年化學獎和 1962 和平獎得主）從 1970 年代起就一直大力提倡維他命 C，說它可以預防，甚至治療感冒。這個說法不但當年風靡全世界，甚至現在還有很多人相信。可是，儘管萊納斯・鮑林信誓旦旦，還在 1976 年出了一本書《維他命 C、普通感冒和流行感冒》（Vitamin C: the Common Cold and the Flu），但事實上在那個年代根本就沒有任何臨床證據可以支持他的說法。縱然又經過了將近五十年的現在，所有的臨床試驗還是一樣無法證實維他命 C 可以預防或治療感冒。更重要的是，即使是他本人創設的「萊納斯・鮑林研究所」，現在也在專屬的網站上說沒有證據顯示維他命 C 可以預防或治療感冒。補充說明：該網站是在他去世後才成立的，所以內容當然不可能是經過他本人同意。

由此可見，任何聲稱，縱然是出自雙料諾貝爾獎的大科學家，在沒有確切科學證據的情況下，都只不過是偽科學。可是，問題又來了，「沒有確切科學證據」又是什麼意思？醫學研究是循序漸進的。尤其是要用來預防或治療疾病的藥物，就更需要通過嚴謹的實驗，再加上反覆的驗證，才能確保它是可以維護健康，不會造成傷害。嚴謹的實驗是需要從試管，然後到細胞，然後到動物，然後到人體，一步步的做。縱然到了人體試驗，也還是要從初步（Pilot）到第一階段（First phase），然後

到第二階段（Second phase），最後到第三階段（Third phase），一步步地往上爬（而且是越往上爬就越困難）。還有，在完成第三階段實驗之後，所有數據仍然需要通過監管機構（例如 FDA）的審核，該藥物才可正式上市。

在這個漫長的過程裡，一個藥物是否有效的科學證據就會越來越明確，而嚴格來講，只有在 FDA 審核通過之後，一個藥物的有效性才能算是有「確切科學證據」。但是，做為此書《偽科學檢驗站》的作者（也是「科學的養生保健」網站的站長），我的要求其實並沒有這麼嚴格。當我說「沒有確切科學證據」時，所指的都是那些頂多只做到初步人體試驗階段的藥物，而且絕大部分是連人體試驗都還沒做到。但是，儘管採取這樣的低標準，我從五年前成立「科學的養生保健」網站到現在，檢驗過無數的保健品，還沒看過一個是有確切科學證據的。

保健食品，偽科學中份量最重的課題

事實上，法律並沒有規定保健品需要有治療功效的證明，但法律卻有規定保健品不可以聲稱有治療功效。所以，只要保健品沒有聲稱有治療功效，我也就不會說它們是缺乏確切科學證據。但是，保健品業者通常只是在文獻上看到有試管或細胞

的實驗結果，就會用什麼增強免疫力、提升腦力、整腸健胃、強心顧肝、幫助睡眠、消除疲勞、延年益壽、護膚養顏等等花言巧語來暗示他們的產品是有治療功效。這還不打緊，由於直銷人士不受法律約束，他們就更是明目張膽地直接聲稱有效。在這種情況下，大多數民眾往往就會掉進圈套，相信保健品真的是有治療功效。

無可奈何的事實是，真科學是藏在象牙塔裡，一般民眾根本就不會花功夫去找來看，而真的想看也實在看不懂。至於偽科學呢，那可都是有目的，專為普羅大眾量身打造的，而且時時刻刻在周遭與我們做近距離接觸。所以，大多數人根本沒聽過「偽科學」這個詞，也不知道有偽科學這回事。對他們來說，保健品廣告裡那些讓人眼花繚亂的醫學名詞就是千真萬確的科學根據。

《美國醫學會期刊》（JAMA）在 2021 年 2 月發表一篇專家評論，作者是兩位醫生，他們說：「據估計，全球補充劑產業的價值約為三千億美元。儘管幾乎沒有證據可以支持它們的使用是有功效，但半數以上的美國成年人至少服用一種維他命或補充劑。」（詳情請看第 118 頁）

三千億美元！這可是台灣政府 2021 年總預算的四倍有餘！而在世界各國政府總預算的排名更是能躋身第十六強呢！想想看，

如果能把這些錢換成食物，世界上就應該不會有人餓肚子了。可是，這些錢換來的卻偏偏是「世界最貴的尿」。（請看第 259 頁）

另類療法，不乏醫師名人支持的偽科學

上面所說的，是拿保健品當例子來解釋什麼叫做偽科學，而保健品的確是偽科學這門學問裡份量最重的課題。接下來我要介紹另外兩個份量較輕，但同樣重要的課題。2021 年農曆新年期間，一位毫無醫學基礎的網紅在 YouTube 大力推薦「肝膽排石法」，此舉招來蒼藍鴿（吳其穎醫師）的批評。網紅也不甘示弱，辯說她的言論是根據一本暢銷書《神奇的肝膽排石法》，而這本書有好幾位醫師和名人推薦。蒼藍鴿和幾位醫師再次還擊，引起台灣社會一陣騷動。可是，事實上我在 2019 年 7 月就已經發表文章，指出肝膽排石法是偽科學，而這篇文章也收錄在當月出版的《餐桌上的偽科學 2》第 200 頁）。

《神奇的肝膽排石法》這本書的作者從未受過醫學教育，但是一位推薦這本書的醫生卻稱呼他為醫生。其他四位推薦人雖是有頭有臉的人物，但也都在推行各式各樣的偏方撇步。他們聲稱這些偏方撇步有神奇的療效，卻拿不出任何確切的科學證據。其實，類似這樣的另類療法和聲稱，是多不勝數，而縱

然是有模有樣的醫院，也會提供各式各樣的另類療法，畢竟賺錢才是最重要的，管他有效無效。

　　尤其是在新冠疫情期間，由於民眾的恐慌，就更造就了許多神醫，創造了無數商機。神醫們紛紛聲稱他們能百分之百治癒新冠肺炎，商家們則迫不及待地推出五花八門，無奇不有的抗疫消毒產品。甚至連川普總統都表示也許可以用漂白水注射來治療新冠肺炎。可是，新冠肺炎畢竟是一個才剛首次出現的疾病，怎麼可能會有確切的科學證據來證明這些療法是有效，這些聲稱是可信的？果不其然，從疫情發生到現在，一年四個月了，一個個抗疫神醫都現出原形，回歸赤腳醫生本色，而一件件消毒神器也都留下臭名，成為歷史笑柄。

藉由散播恐懼訊息，獲取利益的「恐怖行銷」

　　2020 年 8 月，蔡英文總統宣布要依據科學證據、國際標準，訂定進口豬肉萊克多巴胺的安全容許值，並放寬三十月齡以上美國牛肉進口。我立刻就在網站上發表文章，標題是「瘦肉精：科學似乎總算贏了一局」，一方面是在調侃科學的無奈，另一方面是要告訴讀者，早在 2016 年我就已經發表了十篇有關瘦肉精的文章，一再表明沒有任何科學證據顯示美牛美豬有害人體健

康。從 2020 年 8 月到 12 月，我又發表了十篇有關瘦肉精的文章，一而再再而三地駁斥那些毫無科學根據的毒牛毒豬論調。

我在寫那十篇 2016 年文章的時候，就沒有期望會能改變多少台灣同胞對美牛美豬的誤解。我在寫那十篇 2020 年文章的時候，也只是抱著佛度有緣人的心態，希望能幫一個同胞消弭「疑慮」，就幫一個。「疑慮」⋯⋯沒錯，這就是有心人士最愛用的術語之一。其他還有什麼「恐將、恐會、恐令、恐增、恐致癌、無法排除可能、怎麼知道以後不會」等等，也都是這些人慣用的手法。我把這套「學問」統稱為「恐怖行銷」，也就是「藉由散播恐怖訊息，來獲取利益」。

要知道，我們打從娘胎，就已經是活在「恐」什麼什麼裡。人生本來就是充滿不確定性，坐在家裡都有可能被掉下來的飛機壓死。關鍵是在於所謂的「可能」到底是是百分之一，還是百分之九十九。很不幸的是，縱然是百分之零點一，也會在有心人士嘴裡變成百分之百。

我絕無意鼓吹使用萊克多巴胺來餵養牛豬。事實上我有一再表示，基於人道考量我是反對使用萊克多巴胺。但是，「萊克多巴胺對牛豬的影響」是一回事，「美牛美豬對人的影響」則是完全另一回事。把這兩件事混為一談，就只是恐怖行銷，是百分之百的偽科學。

目 錄
contents

Part 3
新科技還是偽科學？

Part 4
保健食品辨真偽

Part 1
常見食材安全分析

一種食材是好是壞，牽扯了許多利益的糾葛，
該相信政府、廠商、媒體或「名醫」？一起學習閱
讀真正的科學報告，才是消費者自救的方法

1-1
瘦肉精爭議與科學證據（上）

#萊克多巴胺、克倫特羅、美豬、美牛

瘦肉精這個議題在 2016 年民進黨重新執政時，就已經被吵得沸沸揚揚，而我當時也發表了十幾篇文章來解釋為什麼不需要擔心美國的牛豬肉會危害健康。然後，在 2020 年 8 月 28 號，台灣宣布允許瘦肉精（萊克多巴胺）餵養的美國牛豬肉進口，我也立刻發文請讀者閱讀我之前寫的十幾篇文章，果然立刻獲得大量的點閱，而《關鍵評論》也來函邀請我發表一篇總匯文章，希望能藉此讓讀者看到瘦肉精這個議題的全貌。這篇文章已經在 2020 年 9 月 1 號發表，標題是「美豬瘦肉精之所以會成為食安問題，完全是被捏造出來的」，特別將此文收錄在這本書中。

美豬美牛瘦肉精，捏造的食安問題

瘦肉精，是一個中文特有的名詞，儘管網路上有人在問

它的英文是什麼，答案卻要嘛不知所云，要嘛錯得離譜。事實上，這世界上沒有人知道瘦肉精的英文是什麼。更諷刺的是，儘管台灣人把「美牛美豬」吵到翻天，發明「美牛美豬」的美國人，卻完全不知道什麼是瘦肉精。我在美國已經住了四十一年，從來就沒有在美國的電視或報紙裡，看過任何有關瘦肉精的報導。更諷刺的是，儘管美國的三億人口天天都在吃美牛和美豬，他們卻完全不知道自己天天都在吃台灣人怕得要死的「毒牛、毒豬」。

瘦肉精家族

瘦肉精的正式名稱是「乙型腎上腺素受體致效劑」，簡稱「乙型受體素」。這個正式名稱是翻譯自 Beta-adrenergic agonist，所以，如果要搜尋有關瘦肉精的英文資訊或研究報告，就要用這個關鍵字。乙型受體素並非單一的化學物質，而是一個家族。這個家族目前已知含有四十四個成員（不同化學物質），其中最有名的是以下四種：萊克多巴胺（Ractopamine）、齊帕特羅（Zipaterol）、克倫特羅（Clenbuterol）、沙丁胺醇（salbutamol）

萊克多巴胺是第一有名，因為是第一個被美國核准可以添加在飼料裡的乙型受體素。它有三個商品名：「培林」（Paylean）是

添加在豬飼料裡,「歐多福斯」(Optaflexx)是添加在牛飼料裡,「湯瑪士」(Topmax)是添加在火雞飼料裡。齊帕特羅是第二有名,因為它是第二個被美國核准可以添加在飼料裡的乙型受體素。它的商品名是 Zilmax(沒有中文翻譯),是添加在牛飼料裡。

所以,**所謂的「美牛、美豬」,指的就是「用添加了萊克多巴胺或齊帕特羅的飼料,餵養出來的牛和豬」。萊克多巴胺和齊帕特羅的毒性都很低,在豬牛體內的代謝也很快,所以殘留量都很低**。目前美國進口的牛肉,檢出萊克多巴胺的含量最高只有 2.8 ppb。一個人一次吃下 7.5 萬 ppb 的萊克多巴胺,都還不會中毒。

一般民眾對於「毒」有一個很嚴重的錯誤觀念,那就是以為只要是有毒物質就會對健康有害。可是,毒理學之父帕拉塞爾蘇斯(Paracelsus)的傳世名言「只有劑量能決定毒性」(Only the dose makes the poison),就是要告訴大家**不管是什麼化學物質,只要劑量夠大,就是毒;只要劑量夠小,就不是毒**。縱然是人類賴以為生的水,只要劑量夠大,就是毒;而縱然是大家聞之色變的砒霜,只要劑量夠小,就不是毒。

所以,反美豬人士硬要堅持的「瘦肉精零檢出」,完全是違反科學。一位讀者在我的網站回應:「為了一個不存在的『零檢出』吵了好幾年,始作俑者就是民進黨」。我回答:「政客都是

以政治利益為首要考量，藍綠皆然。」

　　克倫特羅及沙丁胺醇之所以有名，是因為它們是最常被「非法」使用的乙型受體素。早在 2012 年台灣有條件開放含有萊克多巴胺的美牛進口之前，台灣豬農就已經有在非法使用克倫特羅及沙丁胺醇[1]。

　　克倫特羅及沙丁胺醇的毒性，比萊克多巴胺高出二千倍以上，再加上它們在動物體內代謝很慢，所以殘留量就很高。由於克倫特羅及沙丁胺醇的價格便宜，所以會被非法使用於牛豬的飼養，而大家常聽到的瘦肉精中毒的事件，就是此類乙型受體素所造成的。

　　例如在 2001 年廣東中洋飼料公司，非法生產及銷售添加克倫特羅的飼料給養豬戶，導致數百人食肉中毒[2]。還有，根據一篇 2013 年發表的台北榮總臨床毒物學科發表一篇報告[3]，有十二個人一起晚餐後集體中毒，尿檢所查出的毒物就是克倫特羅及沙丁胺醇。

反美豬人士慣用伎倆：移花接木，指鹿為馬

　　儘管美牛、美豬所使用的瘦肉精，是萊克多巴胺或齊帕特羅，但台灣一些所謂的「瘦肉精專家」，卻硬是要把瘦肉精說成

是克倫特羅。例如李醫師在 2012 年 3 月 24 日，發表「瘦肉精是什麼？對人體有何影響呢？」[4]，內文說「瘦肉精又叫鹽酸克倫特羅……對人體有很強的副作用，其不良反應主要有：急性中毒有心悸，面頸、四肢肌肉顫動，甚至不能站立、頭暈、頭痛、乏力、噁心、嘔吐等症狀……」

　　台灣另一位所謂的「瘦肉精專家」蘇醫師在 2016 年 5 月 4 日到立法院公聽會時，表示瘦肉精不光只影響心血管疾病，還可能讓思覺失調症、躁鬱症病情變重，甚至提高癌症轉移風險達 22 倍。他也說萊克多巴胺不只會對心血管疾病造成危害，也可能會對人類大腦的 TRAA1 接收器產生作用，因而誘發思覺失調症、躁鬱症等疾病[5]。可是，醫學文獻裡卻完全找不到萊克多巴胺對人會造成什麼躁鬱症變嚴重、癌症轉移風險提高二十二倍、傷心毀腦等等情事。也就是說，這些全是沒有科學證據的故事。

　　我也看到一篇蘇醫師的專訪，裡面說[6]：「台大的賴秀穗獸醫曾對此表態認為是美國政治施壓的結果，並表示就科學角度來說萊克多巴胺是不安全的，孕婦、孩童、心血管疾病、肝病、腎臟病、癌症等病患萊尤其碰不得」。可是，賴秀穗教授曾發表「認識瘦肉精」[7]，他說：「筆者認為農政單位應重視、面對毒性高的瘦肉精在台非法使用的問題，更應邀請消費者、學者

及養豬業者，研商一種雙贏的對策，朝正面思考，解除萊克多巴胺瘦肉精為禁藥的法令。如能核准使用，一方面可降低養豬成本，提高競爭力；另一方面可杜絕非法使用毒性過高的瘦肉精，來危害消費者的健康。」所以，毫無疑問的，蘇偉碩醫師專訪裡所說的，跟賴秀穗教授所說的，正好是一百八十度背道而馳。

瘦肉精有人道問題

「乙型受體素」的作用是類似腎上腺素，它會使豬焦躁不安，有攻擊性。而由於肌肉長期處於緊張狀態，有些豬會四肢癱軟，無法行走或倒地不起。牛對瘦肉精的反應，目前還沒有關於情緒改變或行動不便的報導。但是，有一篇 2014 年的報告說，瘦肉精會使牛隻死亡率增加 75 到 90％。這篇報告立刻遭到瘦肉精藥廠的反駁，認為研究設計有缺失。

不管瘦肉精是否對牛有害，問題在於，有必要使用瘦肉精嗎？根據瘦肉精藥廠 Elanco 的說法，瘦肉精的使用，可以讓養豬業者，每隻豬多賺五塊美金。但有小農戶說，只多賺一塊。不管是五塊或一塊，在不用瘦肉精的情況下，消費者大概也就只是多付幾分美金來買一磅豬肉。那有必要為這麼一點小錢，

讓豬焦躁不安，四肢癱軟嗎？

　　在我 2020 年 8 月 28 日發表文章，標題是「瘦肉精：科學似乎總算贏了一局」之後，有讀者來跟我嗆聲，指責我為瘦肉精背書。可是，他們卻完全沒有看到我曾一再強調我是反對使用瘦肉精的，例如 2016 年 6 月 22 日發表的文章，標題是「瘦肉精的人道問題及……」[8]，只不過我反對的理由是基於對動物人道的考量，而不是對人類健康的考量（因為合法添加的瘦肉精沒有健康問題）。

假食安之名的政治問題

　　賴秀穗教授在 2011 年 1 月 19 日發表文章，標題是「不要把瘦肉精政治化」[9]。他說：「筆者常與養豬業者接觸獲悉，贊成使用合法瘦肉精（培林）的豬農佔絕大多數，只是瘦肉精已被炒作成政治議題，誰在野就反對它的使用。」BBC 中文網也在 2016 年 1 月 15 日發表文章，標題是「台灣大選：養豬戶稱瘦肉精美豬不是問題重點」，內文寫道：「不同世代的養豬戶皆表示，市場開放在不論哪一黨執政下，都無可避免，售價相對低廉的瘦肉精美豬衝擊農民利益，只是選舉時炒作的話題，台灣養豬業長久以來面臨的問題，才是業者希望未來執政者要關心

的面向。」

　　萊克多巴胺是 1999 年被核准作為飼料添加劑，所以至今已有二十一年的使用歷史。美國的三億人口，包括數十萬台灣移民，吃瘦肉精餵食的豬肉，已經吃了二十一年，卻沒有任何一個發病的案例。如此無懈可擊的食安記錄，卻被一年數起食安危機的台灣詆詬為「有毒，吃不得」，真不知天理何在，世道哪尋。

　　更何況，當台灣的政客來美國訪問或過境，難道會跟美國東主說「你們的牛肉、豬肉有毒，我不敢吃」？又或，當他們把子女送來美國念書或拿綠卡，是否曾考慮過他們的心肝寶貝將長期遭受美牛美豬毒害？還有，如果台灣政府真的認為美牛美豬有毒，那就應該頒發勳章給駐美外交人員，以表揚他們為國捐軀鞠躬盡瘁。

　　瘦肉精之所以會成為食安問題，完全是被捏造出來的。它是政客們免本萬利的政治鬥爭工具，當需要選票時，就裝出一副痛心疾首的模樣，狠狠痛罵執政當局罔顧國民健康。而一旦選上成為執政者，就反過來，扮演縮頭烏龜，讓政敵及民眾在龜殼刻上「詐騙集團」。

　　文章發表後，有讀者回應：「如果沒問題，為何台灣禁用？如果有問題，那幹嘛開放進口？」我回答：「禁用是因為國內政治鬥爭贏了，開放是因為國際政治鬥爭輸了，即所謂的『與國

際接軌」。

　　我的網站「科學的養生保健」所關心的是健康，而不是政治。我之所以會觸及政治，是不得已的。就是因為政治鬥爭，才會導致台灣民眾相信美牛美豬有毒。我之所以會談論瘦肉精，只有一個目的，那就是希望能消除大家對瘦肉精的疑慮，不要繼續活在政客們捏造的食安陰影裡。

 林教授的科學養生筆記

1. 瘦肉精家族有四十多種，分為毒性低和毒性高的，不可混為一談。合法的萊克多巴胺和齊帕特羅的毒性都很低，在豬牛體內的代謝也很快，所以殘留量都很低

2. 非法的克倫特羅及沙丁胺醇的毒性，比萊克多巴胺高出二千倍以上，加上在動物體內代謝很慢，所以殘留量就很高

3. 萊克多巴胺是 1999 年被核准作為飼料添加劑，美國的三億人口，吃瘦肉精餵食的豬肉，已經二十一年，沒有任何一個發病的案例

4. 雖然合法瘦肉精沒有食安問題，卻有人道問題，會使豬焦躁不安，有攻擊性。而由於肌肉長期處於緊張狀態，有些豬會四肢癱軟，無法行走或倒地不起

1-2
瘦肉精爭議與科學證據（下）

\#小豬先天性顫抖、減肥、狂牛症

2020 年 9 月 1 號，我應《關鍵評論》之邀發表了上一篇文章，但隔天這篇文章就被改成「分析美豬瘦肉精的問題」[1]，在很多群組中轉傳。雖然這個版本與我的原文幾乎相同，但有幾個不同的地方卻會造成誤會，所以我就趕快發表網傳「分析美豬瘦肉精的問題」是改編自我的文章來加以澄清。可是，這個澄清很顯然成效不彰，因為我還是繼續看到很多群組在傳閱「分析美豬瘦肉精的問題」這篇盜版文章。更可笑的是，有很多人還在問作者是藍還是綠。由此可見，我所說的「瘦肉精是政治議題，不是食安問題」，一點都沒錯。

造假「瘦肉精」小豬顫抖影片

與此同時，我也收到很多人寄來的文章和影片，其中大多

是繼續散播毫無科學根據的論調，說什麼美牛美豬有多毒、會危害子孫等等。對於這些文章和影片，我都一笑置之，不想浪費時間來做回應。可是，昨天收到的一個影片，卻挑動我的科學神經，那是「麥擱騙」（MyGoPen）網站的站長用臉書寄來詢問：「林教授好，我們最近收到許多民眾回報一段影片訊息，描述關於小豬飼養瘦肉精會產生癲癇異常放電的狀況。民眾提問小豬的這個狀況有可能是什麼，吃瘦肉精的豬會這樣嗎？」

這支影片是署名 Weichieh Liao 的人在他臉書裡播放的影片，影片是用「抖音」（Tik Tok）錄製，長達二十秒，錄製的人看似中東人（署名 Minh Tam Tran139，但名字是越南人），內容是一隻母豬躺在地上，旁邊有十隻剛出生的小豬在全身顫抖。從搭配的熱舞音樂就可以很容易看出，這是典型的 Tik Tok 搞笑影片。可是，這個網友竟然說：「豬仔這樣抖抖抖，當然會變瘦！以瘦肉精飼養，可怕後遺症，神經系統異常放電，癲癇發作一樣。轉 PO 網路影片，未證實，僅供參考。」

這就是網路慣用的造謠手法，一方面告訴你以瘦肉精飼養，另一方面卻又說僅供參考，如此就能顯示造謠者誠實中立的立場。只不過，造謠者是心知肚明，大多數人就只會相信「以瘦肉精飼養」這部分。這樣的造謠，唬弄普羅大眾是很有效，但卻經不起科學的驗證。首先，小豬根本就不會用瘦肉精

（即萊克多巴胺）來餵養，更何況牠們都還在哺乳。一隻豬開始用添加萊克多巴胺的飼料餵養，體重大概已經是 75 公斤左右（約五個月月齡，會餵養大約一個月），母豬是禁止的，更沒必要用添加萊克多巴胺的飼料來餵養（你會希望母豬變瘦嗎？）[2]。

再來，小豬全身顫抖的症狀叫做「先天性顫抖」（Congenital tremors），是頗為常見的世界性小豬疾病。美國的愛俄華州立大學（Iowa State University）的獸醫學院是世界一流的，它有一個網頁專門討論「先天性顫抖」[3]，我把第一段翻譯如下：「先天性顫抖，也稱為先天性肌陣攣、搖動豬或跳舞豬，是新生豬的偶發但並非罕見的疾病，已有九十多年的歷史了。該病與幾種原因有關，包括豬霍亂病毒，但在最近四十年中，在美國，這種病的病因大多仍是一個謎。」

請注意，這個病已有九十多年的歷史了，可是，萊克多巴胺是在 1999 年才開始使用。讀者如想了解更多「先天性顫抖」的資訊，請看附錄裡的這篇文章[4]。

我在 2016 年 6 月 15 號就發表過文章，標題是「瘦肉精如何被玩弄成食安問題」，就已經指出，移花接木、指鹿為馬、魚目混珠，是反美豬人士慣用的技倆。如今這個小豬顫抖的影片，又再次證實這種卑鄙行徑。

瘦肉精，可以幫我減肥嗎？

寫了這麼多瘦肉精文章，這一段來聊一點瘦肉精的有趣知識。有位讀者回應我：「敬愛的林教授，既然豬可以吃瘦肉精變瘦，為何我等胖子就不能吃⋯⋯減去肥油、增加瘦肉，不亦樂乎？」

其實，用瘦肉精來減肥的想法，早在十年前第一波瘦肉精抗爭時就有了。而根據《大紀元》2007 年的一篇報導，有豬農還真的自己做人體實驗[5]。不管是否屬實，從網路上的熱烈討論，可以看出這是一個很多人關心的議題，不過很抱歉，我要潑您冷水了。我在前文提到，瘦肉精對牲畜會有不良影響。例如以下這兩個例子，根據一篇 2002 年美國藥物管理局的報導，添加「萊克多巴胺」的飼料會增加豬隻行動困難的風險[6]。而2014 年的一篇科學報導說，添加萊克多巴胺或「齊帊特羅」的飼料會增加牛隻死亡的風險[7]。

我也提過，在台灣和大陸，豬農非法使用毒性強，殘餘量高的瘦肉精，才是禍害的來源。這些例子，除了證明台灣和大陸都有養豬戶偷用非法的瘦肉精，也可延伸解讀，為什麼瘦肉精不能用來減肥。大家都知道，減肥藥能讓藥廠賺大錢。所以，儘管一再失敗，這方面的科研還是一直在進行。但我可以

保證，絕對不會有成功的一天。道理很簡單：想減肥，人體多餘的能量（肥油）就必須燒掉。但如果不是靠運動來燒，就需要用別的方法來燒。那你說，吃減肥藥燒的是什麼？可能就是你的命。

狂牛症，美國牛肉有嗎？

2020 年 9 月，狂牛症也跟著美豬美牛再度浮上檯面。在此把我 2019 年 6 月發表的狂牛症文章收錄在這本書中。

讀者吳先生 2019 年 5 月來信詢問：「林教授你好，首先謝謝你提供這個網站，有機會讓大眾知道科學上的陳述，而不只是人云亦云，或是不知所云。再來請教，我喜歡下廚煎牛肉，市面上美國牛不少，吃了很久的牛肉。想問科學上對於狂牛症以及牛肉安全的看法。」

狂牛症是在 1984 年 12 月首次發生於英國，而後在 1992 到 1993 年間達到高峰。在那個時候的英國，每一千頭牛就有三頭感染，每個禮拜約有一千頭牛被確診，而在這兩年期間就有七萬多頭牛被確診。在採取嚴格控管後，情況逐年改善：1995 年有 14562 個案例，2000 年有 1443 個案例，2005 年有 225 個案例，

2010 年十一個案例，2015 年二個案例，2016 和 2017 都沒有，但是 2018 又有一個。總共，三十年來有將近二十萬個確診案例（80% 發生在 1990 到 1995 年間）。

全世界共有二十八個國家曾有狂牛症的案例，而其中二十三個是歐洲國家。日本是非歐洲國家中案例最多的，共有三十六宗。美國共有六個案例，分別發生在 2003、2005、2006、2012、2017 和 2018。

第一個人感染狂牛症（簡稱 vCJD）的案例是發生在 1995 年 5 月，是十九歲的英國人史蒂芬・邱吉爾（Stephen Churchill）。目前全世界共有 226 宗 vCJD 的案例，其中 174 宗在英國，26 宗在法國。所以，其他國家總和才 26 宗。

2010 年 5 月台灣有位三十四歲男士死於不明原因。後來（2010 年 12 月）陽明大學神經科發表論文懷疑該男子是死於 vCJD。現在這個案例在所有狂牛症的相關文獻上都是以確診看待。值得注意的是，該男士在 1989 到 1997 年間，也就是狂牛症的高峰期間，住在英國。所以，他極有可能是在英國時被感染。

美國現在有四個確診的 vCJD 案例，分別發生於 2001、2005、2006 和 2012，但是，他們幾乎都可以確定是在境外被感染（兩宗在英國，兩宗在中東國家）。講了這麼多，主要是要讓

讀者知道：1. **狂牛症現在已經得到很好的控制，發生率幾乎是零**；2. **人感染狂牛症的案例不多，最近七年來是零案例**；3. **在台灣和美國都沒有本土的 vCJD 案例（都是境外感染）。所以，讀者實在不用擔心吃美國牛肉會有感染狂牛症的可能。**

　　另外補充幾點：1. 感染 vCJD 的人大多是年輕人（平均 28 歲）；2. 加熱處理無法消滅狂牛症病原；3. 狂牛症病原主要是集中在牛的大腦和脊髓；4.《紐約時報》曾報導，許多營養品補充劑含有牛大腦和脊髓萃取物的成分；5.WebMD 也曾發文表示膠原蛋白補充劑有可能被狂牛症病原汙染；6. 美國 FDA 現在有規定補充劑不可以添加牛大腦和脊髓萃取物，但是由於 FDA 並不做檢測，所以仍有風險。

　　補充，本段文章的參考資料，我列在附錄裡面[8]。

 林教授的科學養生筆記

1. 小豬全身顫抖的症狀，叫做「先天性顫抖」，這是頗為常見的世界性小豬疾病，而非瘦肉精的危害

2. 瘦肉精對牲畜會有不良影響，人類也不能拿來當作減肥藥

3. 狂牛症現在已經得到很好的控制，發生率幾乎是零

1-3
養殖鮭魚和魚皮的健康分析

＃多氯聯苯、野生、Omega-3、魚皮

　　讀者葉小姐 2020 年 10 月來信：林教授，今天看到「早安健康」文章，標題為「盒裝沙拉真的健康？四種讓你生病的偽健康食物」，內文中有這麼一段：「世界各國已有許多專家指出，挪威的養殖鮭魚含有超標重金屬；根據東京都健康安全研究中心檢測各國養殖鮭魚，挪威產的鮭魚有著遠比他國更高的有害物質濃度，養殖鮭魚中所含的類戴奧辛物質會影響黏膜健康、產生倦怠感，造成自閉症、神經系疾病、腦萎縮等危害。美國營養專家喬尼‧鮑登指出，養殖鮭魚含有的多氯聯苯高達天然野生鮭魚的十六倍，多氯聯苯是一種對生物具有強烈毒性的問題，會影響免疫系統的機能。」

　　您的大作《餐桌上的偽科學》裡面說，鮭魚含汞量低又富含 Omega-3，是安全的食用魚選擇。我們家幾乎每週都吃一次挪威鮭魚，上述報導讓我很憂心。想請教授進一步釋疑，感謝。

養殖鮭魚有害健康？

　　葉小姐所說的報導是在 2016 年 5 月 6 號發表的，此文確是把養殖鮭魚說成有害健康的食品。可是，這篇文章所說的「東京都健康安全研究中心檢測」和「美國營養專家喬尼‧鮑登指出」，並沒有附上可資查證的資料。所以，對於這樣的文章，我都是定位為傳言或謠言，也就是不值得相信。我到公共醫學圖書館 PubMed 搜尋「養殖鮭魚與野生鮭魚之間的比較」，共搜到十二篇研究論文，我把標題和結論的重點列舉如下：

　　一、2004 年論文，標題「對養殖鮭魚中有機汙染物的全球評估」[1]。本文結論：養殖鮭魚中有機氯汙染物的濃度明顯高於野生鮭魚。歐洲的養殖鮭魚比北美和南美的養殖鮭魚汙染物含量高得多。

　　二、2004 年論文，標題是「養殖和野生鮭魚中多溴聯苯醚的全球評估」[2]。本文結論：養殖鮭魚中這些化合物的含量高於野生鮭魚。 歐洲養殖鮭魚含量最高，北美養殖鮭魚次之，智利養殖鮭魚最低。

　　三、2004 年論文，標題是「養殖大西洋和野生太平洋鮭魚組織中金屬的調查」[3]。本文結論：在這九種金屬中，養殖鮭魚

的有機砷含量明顯高於野生鮭魚，而野生鮭魚中的鈷、銅和鎘含量則明顯較高。沒有任何汙染物超過聯邦標准。

四、2005 年論文，標題是「養殖和野生鮭魚的脂質成分和汙染物」[4]。結論：養殖的大西洋鮭魚的脂質調整後的汙染物水平顯著高於野生太平洋鮭魚。

五、2005 年論文，標題是「食用養殖和野生鮭魚的益處和風險的定量分析」[5]。本文結論：與脂肪酸相關的健康益處可以部分抵消養殖鮭魚和野生鮭魚中汙染物的暴露風險。

六、2006 年論文，標題是「來自緬因州、加拿大東部和挪威的養殖大西洋鮭魚和來自阿拉斯加的野生鮭魚中的 PCBs、PCDD／Fs 和有機氯農藥」[6]。本文結論：養殖鮭魚中多氯聯苯的總濃度顯著高於野生阿拉斯加奇努克樣品中的多氯聯苯濃度。有機養殖的挪威鮭魚的 PCBs 最高。

七、2007 年論文，標題是「市場大小的養殖和不列顛哥倫比亞省野生鮭魚的肉質量」[7]。本文結論：養殖鮭魚肉中的 PCB 含量高過於野生鮭魚，但比食用關注水平低 53 到 71 倍。同樣，所有樣品中的總汞和甲基汞水平都遠低於加拿大和美國的標準。平均而言，養殖鮭魚的總汞與野生鮭魚相似或更低。本研究結果支持美國心臟協會和英國食品標準局制定的建議每週食用油類魚類（包括所有卑詩省鮭魚來源）的食用指南，以保護

心臟。

　　八、2008 年論文，標題是「在美國東北部銷售的養殖和野生鮭魚中的多溴聯苯醚（PBDEs）」[8]。本文結論：養殖鮭魚中多溴二苯醚的總濃度與野生阿拉斯加奇努克樣品無明顯差異，各地區之間也沒有顯著差異。

　　九、2008 年論文，標題是「加拿大不列顛哥倫比亞省養殖和野生鮭魚中的汞和其他微量元素」[9]。本文結論：來自加拿大不列顛哥倫比亞省的養殖鮭魚和野生鮭魚中的金屬濃度相對較低，低於人類健康消費準則。所有鮭魚樣品中的甲基汞均低於加拿大衛生部設定的 0.5 微克 / 克準則。養殖鮭魚和野生鮭魚的金屬濃度無顯著差異。

　　十、2011 年論文，標題是「來自加拿大不列顛哥倫比亞省的養殖鮭魚和野生鮭魚中有機氯農藥的殘留濃度」[10]。本文結論：養殖鮭魚中二氯二苯基三氯乙烷、六氯環己烷、氯丹、氯苯和環二烯農藥的肉殘餘濃度比野生鮭魚高二至十一倍。

　　十一、2017 年論文，標題是「與野生大西洋鮭魚相比，養殖鮭魚中持久性有機汙染物、金屬和海洋歐米茄 3- 脂肪酸 DHA 的含量較低」[11]。本文結論：野生鮭魚中二噁英、多氯聯苯、OCP（滴滴涕、狄氏劑、林丹、氯丹、滅蟻靈和毒殺芬）和汞的汙染水平高於養殖鮭魚。

十二、2019 年論文，標題是「糧農組織不同區域的野生和養殖鮭魚中存在環境汙染物和抗生素殘留物的風險特徵」[12]。本文結論：來自鮭魚攝入的風險很低，只有 PBDE 99 和全氟辛酸才引起關注。

從以上這十二篇論文可以看出，總體而言養殖鮭魚似乎有較高的汙染，但也有正好相反的結論（2017 年那篇論文）。無論如何，汙染的程度都是遠低於美國和加拿大所設定的標準。還有，請注意這十二篇論文裡有六篇（最早的那六篇，從 2004 年到 2006 年）都是出自同一團隊，而這幾篇都是聲稱養殖鮭魚有較高的汙染。所以，這就不禁讓人懷疑這個團隊是否與反養殖業的組織有關係，關於這一點，可以參考附錄的這兩篇文章，標題分別是「食品行業的恐懼散播已經成熟」[13]，以及「具爭議性的學者回到鮭魚引起的爭議」[14]。

華盛頓州衛生部的網站上有一篇文章，標題是「養殖鮭魚 vs. 野生鮭魚」[15]，其中的第二段寫道：關於養殖鮭魚和野生鮭魚的爭論是複雜的。媒體、網路和科學刊物中的報導常常看起來是互相抵觸的。問題可分為三大類：對環境的關注，汙染以及可食部分中的 omega-3 脂肪酸含量。好消息是野生和養殖鮭魚的汞、PCBs 和其他汙染物含量都很低。

　　加州大學的兩位水產專家也有發表一篇文章，標題是「養殖還是野生？兩種鮭魚口味都很好，對您也都有好處」[16]。另外，哈佛大學健康網站的執行編輯也發表文章，標題是「在魚類中找到 omega-3 脂肪：養殖或野生」[17]，此文表示不論野生或養殖，鮭魚都是攝取 omega-3 的好選擇。總之，《早安健康》那篇文章是道聽途說片面之詞，而錯把有益健康的養殖鮭魚說成是有害健康。

魚皮，有毒還是有益？

　　讀者福英在 2020 年 10 月詢問：「魚皮到底能不能吃」。她附上兩篇網路文章，一篇是《健康雲》在 2018 年 10 月 17 號發表的「不吃鮭魚皮 3 大營養全浪費？譚敦慈：去皮重金屬少40%」，另一篇是《健康遠見》在 2020 年 1 月 15 號發表的「魚皮有重金屬別吃？別把營養丟了，專家提醒把握這個大原則」。

　　《健康雲》那篇文章共有六段，而前四段是在講魚皮的好處，後兩段則是在講魚皮的壞處，最後一段是：在許多網友的認知裡，吃魚皮能補充膠原蛋白，但資深護理師譚敦慈卻曾指出，魚頭、魚皮及魚內臟等三個部位千萬別多吃！她解釋，由於近年來海洋汙染嚴重，使得深海食物鏈中大魚體內累積不少

重金屬及汙染物，經過代謝後就會殘留魚皮下脂肪組織。她更在節目中提到，「去皮之後，重金屬會少掉 40%」。

可是，有關「去皮是否能減少汙染物」這個議題，事實上絕非如此單純。我們就來看一篇 2013 年發表的研究論文，標題是「去皮對鮭魚和鱒魚魚片中汙染物含量的影響」[18]。這項研究發現，在褐鱒、虹鱒、銀鮭和奇努克鮭魚這四種魚類裡，去皮只能減少其中三種魚類的「親脂性有機汙染物」，而去皮非但不會減少汞汙染，反而會稍微增加。也就是說，去皮是否能減少汙染物，是由許多因素來決定，例如汙染物的種類和魚的種類。所以，譚護理師所說的「去皮之後，重金屬會少掉 40%」，可能只是對了百分之一。

至於《健康遠見》那篇文章，則是毫無疑問地在鼓勵大家吃魚皮，理由之一是「能補充膠原蛋白」，內文說：「魚的膠原蛋白分子小、身體很容易吸收利用，是最好的膠原蛋白食用來源！……補充膠原蛋白有助於體內膠原蛋白的合成，合成膠原蛋白時需要特定的胺基酸（羥脯胺酸 Hydroxyproline 等）僅存在於膠原蛋白中，是一般的蛋白質裡面沒有的。」

有關「魚的膠原蛋白分子小」的說法，我搜索了無數的資料，但就是找不到任何可以支持此一說法的科學證據。例如下面這兩篇專門在講有關「魚膠原蛋白」的論文，就完全沒有提

起魚的膠原蛋白分子小，分別是 2014 年論文，標題是「海洋來源的膠原蛋白及其潛在應用」[19] 和 2016 年論文，標題是「伊比利亞半島西海岸不同丟棄魚類之膠原蛋白的定性」[20]。

有關「身體很容易吸收利用」的說法，我實在是很難相信，這竟然出自一位「臺大生物產業傳播暨發展學系兼任講師」（此文的作者）。要知道，最小的膠原蛋白大約有 700 個氨基酸，而最大的則有 3000 多個氨基酸。如此巨大的分子怎麼可能會是「身體很容易吸收利用」？補充說明：目前確定的科學證據是，頂多只能吸收三胜肽，即三個氨基酸。

有關「合成膠原蛋白時需要特定的胺基酸（羥脯胺酸 Hydroxyproline 等）僅存在於膠原蛋白中」的說法，作者的意思很顯然是「因為只有膠原蛋白含有羥脯胺酸，所以攝食膠原蛋白才能提供。可是，羥脯胺酸是轉化自脯胺酸（Proline），它本身根本就不會被用來合成膠原蛋白。真正被用來合成膠原蛋白的是脯胺酸，而不是羥脯胺酸。脯胺酸是在膠原蛋白合成之後才被轉化為羥脯胺酸，而這個轉化是需要維他命 C 的參與……這也是為什麼會常聽說要攝取充足的維他命 C，才能使皮膚 Q 彈。不管如何，由於羥脯胺酸根本就不會被用來合成膠原蛋白，所以再多的攝取也不會促進膠原蛋白的合成。也就是說，「合成膠原蛋白時需要羥脯胺酸」完全是一派胡言。

　　有關讀者所問的魚皮到底能不能吃，就科學證據而言，只有「可能有風險」和「好處可能多於壞處」這兩種說法，而沒有要吃或不要吃的說法。也就是說，吃或不吃，是由個人選擇，沒有好壞對錯之分。而做為健康知識的傳播者，不應該只是根據個人的偏見，或局限的認知，就建議要吃或不要吃。

　　就我個人而言，我是特別喜歡吃魚皮的，從不會去煩惱吃魚皮是否會危害健康。就像是去搭飛機，我也是從不煩惱搭飛機是否會危害我的健康或生命。但是，我喜歡吃魚皮，完全是由於口感和風味，跟什麼維他命 D、Omega-3、抗氧化物、膠原蛋白，都毫不相干。

 林教授的科學養生筆記

1. 根據 2004 到 2019 的十二篇科學論文可以看出，總體而言養殖鮭魚似乎有較高的汙染，但也有正好相反的結論（2017 年那篇論文）。無論如何，汙染的程度都是遠低於美國和加拿大所設定的標準。不論野生或養殖，鮭魚都是攝取 omega-3 的好選擇

2. 魚皮到底能不能吃，就科學證據而言，只有「可能有風險」和「好處可能多於壞處」這兩種說法，而沒有要吃或不要吃的說法。也就是說，吃或不吃，是由個人選擇，沒有好壞對錯之分

1-4

牛奶的謠言與科學

＃糖尿病、乳癌、牛奶中的魔鬼、A1 奶、A2 奶

長期喝牛奶提早死亡？

　　讀者 CH13 在 2020 年 5 月在我發表的牛奶文章下面回應：「那這個呢？牛奶不建議喝的醫學證據」。「這個呢」是一篇 2017 年發表在「環境急診室」的文章，而標題就是「牛奶不建議喝的醫學證據」[1]。我從這個網站的目錄欄裡又循線找到「蛋不建議吃的最新醫學證據」以及「全素食的飲食模式比蛋奶素更健康」。所以，非常明顯地，這個網站就是在倡導連雞蛋和牛奶都不吃的全素食。事實上，網站的站長陳惟華醫師有註明他是醫界蔬食聯盟發起人之一，而這個網站的文章當然也是為了推行蔬食而寫。

　　除了這個網站之外，陳惟華醫師也在他的臉書發表文章，讓我最感震驚的是他在 2020 年 3 月 23 號發表的文章，標題是

「豌豆有助阻斷新冠狀病毒的感染」。由於這篇文章是關係到當下的新冠疫情，所以我只好連夜趕稿，發表了「豌豆有助阻斷新冠病毒感染？」，希望能盡可能減少會被它誤導的人數。不管如何，從這篇文章就可看出，陳惟華醫師為了推行蔬食，可以說是非常賣力，竟然連「豌豆可以幫助阻斷新冠病毒」這種違反基本醫學常識的謬論都說得出口。

在「牛奶不建議喝的醫學證據」這篇文章裡，陳惟華醫師做了一個圖表來列舉不建議喝牛奶的醫學證據，第一項是「長期喝牛奶反而增加提早死亡、和死於心臟病及死於癌症的風險」，而所提供的證據是「哈佛大學前瞻性研究 61,433 位婦女和 45,339 位男性，分別追蹤超過 20 年和 11 年」，所提供的參考文獻是「BMJ 2014;349:g6015」。

所以，我就把「BMJ 2014;349:g6015」輸入谷歌，果然看到一篇 2014 年 10 月 28 號發表的論文，標題是「男女隊列研究：牛奶攝入量和男女死亡和骨折風險」[2]。可是呢，這篇論文的作者全都屬於一個瑞典的研究團隊，也就是說連一個哈佛大學的研究人員都沒有。所以，我實在無法理解為什麼陳惟華醫師會說「哈佛大學前瞻性研究」。還有，這項研究是用問卷調查來詢問受訪人喝牛奶的習慣，也就是說這是一個「靠天吃飯」的研究，如果受訪人記憶不清，或說得不準，那研究所得的數據就

會有所偏差。

　　不管怎麼樣，這篇論文發表之後不到一個月的 2014 年 11 月 26 日，在同一期刊裡就發表了兩篇質疑的文章。第一篇的標題是「研究牛奶攝入量，死亡率和骨折的統計問題」[3]。從這個標題就可看出，那項研究是有統計學上的問題。第二篇的標題是「無法解釋的性別差異破壞了牛奶攝入與死亡和骨折風險之間的聯繫」[4]。從這個標題就可看出，那項研究無法解釋性別上的差異，而這就讓人難以相信它所建立的相關性。還有，一篇 2017 年發表的論文也質疑那項瑞典研究的可靠性。請看這篇文章，標題是「較高的牛奶攝入量會增加骨折風險：是混雜還是真實的關聯？」[5]。

NEJM：牛奶或乳製品的總攝入量，與總體死亡率無關

　　陳惟華醫師所做的那個圖表裡多次引用「哈佛大學研究」，而哈佛大學的確有一位極力反對喝牛奶的教授。他就是我寫過的文章「牛奶致病的真相」（《餐桌上的偽科學》第 41 頁）裡提到的華特・威力（Walter Willett）。此人也是一生致力於推廣全素食，由於他是這所世界頂級大學營養系的系主任，所以他所提倡的牛奶有害健康論，當然是擲地有聲。

　　他在 2020 年 2 月在世界排名第一的《新英格蘭醫學期刊》（NEJM）發表一篇綜述論文，標題是「牛奶與健康」[6]。從標題就可看出這是一篇總覽牛奶與健康之間關係的權威性論文。在有關死亡率方面，這篇文章這麼說：在一項包含 29 項隊列研究的薈萃分析中，牛奶（總脂肪、高脂和低脂）的攝入量或乳製品的總攝入量與總體死亡率無關。

　　所以，縱然是一位一輩子致力於證明牛奶有害健康的名校教授，也在這篇論文裡說牛奶與死亡率無關。事實上，陳惟華醫師那個圖表裡所列舉的種種所謂的牛奶引起的疾病（例如癌症和心臟病），幾乎都沒有足夠的證據，或根本就是違反科學證據。所以，讀者 CH13，實在很抱歉，讓您失望了。

牛奶是乳癌高風險因子？

　　再來，我要回應讀者 CH13 第二個所謂的證據，以下是他的說法：「牛奶怎麼可能跟乳癌沒關係？我知道的是，乳癌患者的第一件事就是要戒牛奶還有經皮毒的產品。再來，在這本書《乳癌與牛奶》的研究發表時，普蘭特教授受到諸多科學家的批判，但沒有人能夠推翻這個學說。最終，普蘭特教授因為其對醫學發展的貢獻，被授予成為英國皇家醫學協會的終身會

員。」

　　這位讀者的回應裡提到一本書，書名是《乳癌與牛奶：徹底斷絕乳癌高風險因子【緬懷紀念版】》，而「在本書的研究發表時……被授予成為英國皇家醫學協會的終身會員」，則是摘自這本書的文案。至於剩下的部分，即「牛奶怎麼可能跟乳癌沒關係……」應當是這位讀者自己的意見。

　　所以，我就來回應「牛奶怎麼可能跟乳癌沒關係？」，以及討論這本書所講的「牛奶是乳癌高風險因子」，到底有幾分科學根據。這本書是翻譯自一本 2000 年出版，書名為 Your Life in Your Hands 的英文書，作者是珍‧普蘭特（Jane Plant）。原文書名的意思是「你的生命在你手中」。那，請問為什麼中文書名會變成「乳癌與牛奶：徹底斷絕乳癌高風險因子」，難道說，中文讀者需要被震撼教育嗎？

　　這本書的作者是倫敦帝國學院地球化學系的教授。根據她的自述，她是在 1987 年，時年四十二歲時初次罹患乳癌，切除乳房後還是復發了五次之多，最後更轉移到淋巴系統。後來她決定改變飲食習慣，不再攝取乳製品，乳癌似乎就這樣得到控制。她在這本書的序裡說「自從七年前這本書第一版發行後，有愈來愈多的科學證據支持本書的論點與建議」。但，真的是這樣嗎？

目前較多科學證據傾向牛奶不會增加乳癌風險

「蘇珊・科門乳癌基金會」（Susan G. Komen Breast Cancer Foundation）是在美國名氣最響亮，規模最龐大，資金最雄厚的乳癌研究倡導機構。這個機構提供一個叫做「乳製品和乳癌風險」[7] 的網頁，其中的重點是：

1. 對來自二十多個研究的數據進行的匯總分析發現，乳製品攝入量（包括牛奶、奶酪和酸奶）與乳癌風險之間沒有關聯。

2. 但是，《護士健康研究 II》的數據發現，每天吃二份或更多高脂乳製品（例如全脂牛奶或黃油）的婦女比吃較少量的婦女在停經前罹患乳癌的風險較高。

3. 更年期後吃或喝乳製品與乳癌無關。然而，還需要更多的研究來得出更年期之前可能與乳癌有關的可靠結論。

加拿大的麥基爾大學（McGill University）設有一個叫做「科學與社會辦公室」（Office for Science and Society）的網站，主要想讓大眾知道什麼是真科學，什麼是偽科學。他們在 2020 年 2 月 28 日發表一篇文章，標題是「牛奶和乳癌之間的可能關聯並不絕對是胡說八道」[8]，副標題是：有一研究表明，每天喝牛奶，即使小量，也會明顯增加患乳癌的風險。然而，有其他研究表

明正好相反。

　　美國癌症研究所（American Institute for Cancer Research）在2020 年 3 月 18 號發表文章，標題是「一項研究表明牛奶會增加患乳癌的風險，但美國癌症研究所的專家說不要太早下定論」[9]。此文說，根據一項美國癌症研究所的研究，乳製品降低停經前婦女的乳癌風險。

　　我前面提過最重量級的「反牛奶」人物，哈佛大學營養系系主任華特·威力。他終生致力於推行「全素食」，所以他也就發表了很多關於牛奶似乎有害健康的論文。可是，儘管這些論文的結論大多只是「可能」，但這些論文卻千篇一律地被全素食提倡者說成是「一定」。不管如何，華特·威力 2020 年 2 月在世界排名第一的《新英格蘭醫學期刊》發表了一篇綜述論文〈牛奶與健康〉（請參考註 6）。從這個標題就可看出，這是一篇總覽牛奶與健康之間關係的權威性論文。有關乳癌方面，此論文這麼說：在前瞻性隊列研究中，食用牛奶與罹患乳癌風險沒有相關性。 在一項針對青少年飲食的研究中，牛奶攝入量與未來患乳癌的風險無關。

　　所以，根據上面這四條具有較高可信度的資訊，牛奶會不會增加乳癌風險，目前的科學證據是較傾向於無關。那為什麼讀者 CH13 會確信牛奶會增加乳癌風險？為什麼珍·普蘭特會

說「愈來愈多的科學證據支持本書的論點與建議」？

牛奶與糖尿病的形成有關？

讀者 Kevin 和 Ching So 在 2020 年 4 月分別問我對一篇《Yahoo! 新聞》文章的看法，後者這麼說：「林教授您好，今日朋友發來一篇文章，說是現今的牛奶與糖尿病的形成很有關係⋯⋯這樣的見解在專家眼中是否有根有據？感謝您平日在這個謠言及商業利益充斥的謊言世界中，堅持不懈為眾生破除迷思。非常敬佩您的為人，只談科學不談其他，真是濁世中一股清流。在這政治凌駕專業的時代，您是年輕人們最好的榜樣。」

令這兩位讀者疑惑的文章，標題是「10 多年來堅持不喝牛奶！台灣糖尿病之父：牛奶喝越多，兒童第一型糖尿病的病患可能越多」刊載在 HEHO 網站，並被 Yahoo 新聞轉載[10]。在討論這篇文章之前，我想先提出三點聲明：我已經發表了三十多篇跟牛奶有關的文章，也說過自己是不喝牛奶的，不是因為怕得癌，只是認為吃的營養已經足夠了，就不想再用喝的，以免營養過量」。所以，我不可能會因為個人有喝牛奶的習慣而來為牛奶做辯護。

　　這篇文章的標題裡所說的是「兒童第一型糖尿病」，但許多讀者顯然誤以為所指的是較常見的「二型糖尿病」（佔 95%）。這篇文章的標題裡有「可能」這個帶有曖昧意味的副詞，可是，讀者們很顯然都把它忽視了，才會緊張兮兮。事實上，這篇文章裡所說的種種疾病，也只不過就是「可能」。這篇文章的男主角是林瑞祥醫師，內容也會讓人以為是林瑞祥醫師在發表關於牛奶有害健康的意見。但實際上，這篇文章所提供的有關「牛奶有害健康」的資料，全都是來自《牛奶中的魔鬼》（Devil in the Milk）這本 2007 年出版的書籍。

沒有足夠證據顯示 β- 酪碼啡肽 -7 對健康有害

　　根據公共醫學圖書館 PubMed 的資料，這本書的作者凱斯·伍德福特（Keith Woodford）總共就只發表了五篇跟牛奶有關的研究論文，而且他在這些論文裡也只是次要作者（既非第一，也不是通訊作者）。也就是說，就牛奶的研究而言，他的學術地位是舉足不重。

　　《牛奶中的魔鬼》這本書裡所說的魔鬼，指的是「A1-β 酪蛋白」。它說 A1-β 酪蛋白在經過人體消化酵素分解後，會產生一個帶有七個胺基酸的肽鏈，稱之為「β- 酪碼啡肽 -7」

（β-casomorphin-7，BCM7），而 β- 酪碼啡肽 -7 會增加罹患一型糖尿病、乳癌、自閉症、心血管疾病、腸痛症、自體免疫等等疾病的風險。它也說有些品種的牛所分泌的奶是含有 A2-β 酪蛋白，而這個 A2-β 酪蛋白就不會形成 β- 酪碼啡肽 -7。所以，如果要喝牛奶，就要喝 A2 奶，而不要喝 A1 奶。補充：這本書也有說 A1 是突變，但這是故意嚇人的，事實上這只是不同品種的牛所產生的。

可是，市面上的牛奶絕大多數是 A1 奶，A2 奶的價格當然也就較高。所以，這就意味著，常喝牛奶的人是處於罹患多種疾病的風險，而這也就是為什麼這篇 Heho 文章會引發關切。只不過，所謂的「A1 奶不安全，而 A2 奶則安全」是真的嗎？

在 2020 年 2 月 7 日，高檔的營養學期刊《食品科學與營養評論》（Critical Reviews in Food Science and Nutrition）發表了一篇關於 β- 酪碼啡肽 -7 的詳盡綜述論文，標題是「β- 酪碼啡肽 -7 的發生，生物學特性及其對人體健康的潛在影響：當前的知識和關注」[11]。關於人體健康，這篇文章的重點是：所謂安全的 A2 奶也會形成 β- 酪碼啡肽 -7，只不過是比例較低，約為 A1 奶的三分之一。歐洲食品安全局在 2009 年全面評估有關 β- 酪碼啡肽 -7 對人類健康影響的臨床數據，發現 β- 酪碼啡肽 -7 與聲稱的種種負面影響無關。

牛奶的謠言與科學

就這篇綜述論文所審查過的文獻而言，沒有足夠證據顯示 β-酪碼啡肽 -7 對健康有害。所以，這篇 Heho 文章雖然借用所謂的「台灣糖尿病之父」來增加分量，但是它所傳達的健康資訊，是證據薄弱的。

補充：我後來有到林瑞祥醫師的臉書查看，證實了他對牛奶的看法並不是出自他本人的研究，而是出自《牛奶中的魔鬼》這本書。

 林教授的科學養生筆記

1. 2020 年頂尖期刊 NEJM 綜述論文：牛奶的攝入量或乳製品的總攝入量與總體死亡率無關
2. 根據具有較高可信度的資訊，目前的科學證據是較傾向於牛奶不會增加乳癌風險
3. 指稱牛奶與糖尿病有關的資訊，是證據薄弱的

049

嬰兒與乳品的注意事項

配方奶、乳糖不耐、羊奶、免疫牛奶、奶粉、植物油

　　讀者 cheukcheuk 在 2020 年 1 月 1 號詢問：「不知道教授對嬰兒、幼兒、長青奶粉等等的配方奶的看法？奶是嬰兒營養吸收的唯一來源，雖說母乳最天然，但也有各自的原因而不能餵飼母乳。嬰孩加固後，有說可改以鮮奶作為鈣質等營養來源。但乳糖不耐症又是東方人常見的，配方奶粉似是有針對這方面做調製。例如本人喝鮮奶會有輕微腹瀉，喝奶粉沖泡的奶就沒有，令人感到納悶。若要攝取容易吸收的鈣質，奶類是個不錯的來源吧？」

嬰兒配方奶絕對必要的原因

　　先說我對嬰兒、幼兒、長青奶粉的看法：嬰兒配方奶是絕對必要的，但是幼兒及長青配方奶則是可有可無。我想大多

數人都知道母乳是哺養嬰兒的首選，但是，如果無法使用母乳時，可以用牛乳嗎？答案是不可以，因為與母乳相比，牛乳含有過多的蛋白質、鉀及鈉，但卻又含有過少的鐵、維他命 E 及必須脂肪酸。還有，牛乳裡的蛋白質無法被嬰兒的腸道消化，甚至有可能會引發過敏（羊奶也不能給嬰兒喝，請看 59 頁）。所以，牛乳必須經過調配，做成配方奶，才可以用來哺養嬰兒。一歲以後的小孩，可以逐漸地開始喝一般的牛乳，但也只能當成飲料，而非食物。至於所謂的幼兒及長青奶粉，只能算是補充劑，而非像嬰兒配方奶那樣地攸關成長與性命。如果喜歡又付得起，就用；如果不喜歡也付不起，不用也不會怎麼樣。

乳糖不耐，可以扭轉

這位讀者的另外一個問題是有關乳糖不耐症，我在《餐桌上的偽科學》第 39 頁已經有做了些說明。但是，前幾天我在搜索相關資訊時，發現有一篇網路文章裡面有點錯誤，所以這裡針對這點錯誤來做進一步說明。這篇文章是 2018 年 9 月 27 號發表在「元氣網」，標題是「90％東亞人乳糖不耐！持續練習喝牛奶能扭轉嗎？」[1]，此文說，持續練喝牛奶並無法扭轉乳糖不耐，但不幸的是，這是錯誤的。早在 1993 年就有實驗證明乳糖

不耐是可以扭轉的，請看這篇論文，標題是「乳糖消化不良者對持續牛奶攝入的適應」[2]。在 1996 年，另一實驗又再度證實乳糖不耐是可以扭轉的，請看這篇文章，標題是「每日餵養乳糖所引起的結腸適應可以降低乳糖不耐症」[3]。

在 2000 年，另一實驗又再度證實乳糖不耐是可以扭轉的，請看這篇文章，標題是「餵養富含乳製品的飲食可以改善非洲裔美國少女的乳糖消化和不耐症」[4]。

早在 1998 年，美國的普渡大學（Purdue University）就有發表一篇文章，標題是「乳糖不耐症？多喝牛奶」[5]，本文引用專門研究乳糖不耐的教授丹尼斯・薩瓦安諾（Dennis Savaiano）說，很多自稱乳糖不耐的人其實不是真的乳糖不耐，而是因為奶製品吃得不夠頻繁而導致的不能適應。也就是說，只要常吃奶製品，就不會有乳糖不耐。薩瓦安諾教授改善乳製品消化的建議如下：

1. 不要過量食用乳製品，要適度食用。

2. 不要單獨吃乳製品，而是跟其他食物一起吃，例如一杯牛奶加穀物和水果。

3. 如有必要，可以使用非處方的消化助劑。

4. 吃酸奶（優格、養樂多）。酸奶的耐受性非常好，因為含有一種乳糖酶，可以在腸道中幫助消化乳糖。

嬰兒配方奶添加植物油恐致癌？

　　讀者 Welzel Huang 在 2021 年 2 月 4 號用臉書詢問我：「教授您好，請問這篇新聞在說什麼呢？實在令人恐慌。」讀者附上了當天發表在《蘋果即時》的新聞，標題是「嬰兒配方奶添加植物油恐致癌，食藥署明訂限量標準 7/1 上路」，第一段這樣寫道：

　　嬰兒配方奶中常添加植物油，但過去研究發現，在高溫精煉過程中會產生「出縮水甘油脂肪酸酯」（GEs），經人體消化道分解後，會出現對人體健康危害的縮水甘油／環氧丙醇（Glycidol）；國外也曾有動物實驗證實，恐有基因毒性、致癌疑慮。衛福部食藥署今（2/4）公告《修正食品中污染物質及毒素衛生標準》，比照歐盟標準，針對嬰兒配方食品制定 GEs 毒物上限標準，今年 7 月 1 日起實施，沒有緩衝期。

　　有關配方奶，我已經寫過牛乳是不可以直接用來哺育嬰兒，原因是牛乳跟人乳之間有許多關鍵性的不同之處。就「大營養素」（macronutrients）而言，牛乳含有 4.5% 的碳水化合物、3.3% 的蛋白質、3.9% 的脂肪，而人乳則含有 7% 的碳水化合物、1.3% 的蛋白質、4.1% 的脂肪。

　　由於小牛的成長主要是在軀幹上，所以牛乳就含有較高的蛋白質。但是，嬰兒的成長則主要是在大腦，所以人乳就含有較多的脂肪。更重要的是，人乳跟牛乳的脂肪在「質」方面有非常重大的不同。舉例來說，人乳含有「花生四烯酸」（arachidonic acid）和「二十二碳六烯酸」（docosahexaenoic acid）。這兩種脂肪酸對大腦的發育和功能是至關重要，但卻不存在於牛乳裡。另外，「棕櫚酸」（Palmitic acid）是人乳中最主要的飽和脂肪酸，約佔人乳脂肪酸的 20-25％，但是它在牛乳裡的含量卻不到 10%。

嬰兒配方奶添加植物油的理由與問題

　　就是由於嬰兒和小牛的成長有不同的營養需求，所以牛乳必須經過「配方」才能用來哺育嬰兒，而有關脂肪成分方面的調配通常就是需要仰賴各種植物油成分的添加。例如為了要補足棕櫚酸，通常就會添加含棕櫚酸最多的棕櫚油。

　　植物油的提煉通常有高溫加熱的過程，高溫加熱就會產生一些有害的物質，例如那篇蘋果文章裡提到的 GEs（Glycidyl Esters 的縮寫）。不同的植物油在經過提煉後，會含有不同程度的 GEs，而很不巧的是，最需要用到的棕櫚油卻偏偏是含最多

的 GEs。

就如那篇蘋果文章所說，GEs 是會轉化成 Glycidol，而 Glycidol 在動物實驗是有出現致癌的現象。就成人而言，植物油裡的 GEs 含量並不構成威脅。但是，由於嬰兒的個體比成人小很多，相對劑量也就會大很多，再加上他們的唯一食物來源就只是配方奶，所以，用來製作配方奶的植物油就需要竭盡可能地含有最少量的 GEs（最好是 0）。

世界各國的食品監督單位都有意識到這個問題，但由於無法做人體實驗，所以沒有人真正知道什麼是安全劑量。歐盟是在一份 2018 年 2 月 26 號發布的文件中 [6]，將限量標準往下修改：把原來的粉狀配方奶中的每公斤不得超過 75 微克修改成 50 微克；也把原來的液態配方奶每公斤不得超過 10 微克修改成 6 微克。這個新規定是從 2019 年 7 月 1 號生效。台灣的食藥署就是跟隨這個新規定，但生效日期是 2021 年 7 月 1 日。

其實，嬰兒配方奶添加植物油是完全合法而且已經行之有年。隨著植物油提煉技術的改進，我們也可以預期 GEs 的限量標準還會繼續往下修改。但很不幸的是，這篇蘋果文章的標題給人的感覺是嬰兒配方奶添加植物油是一件最近才剛發生的重大食安事件。這也就是為什麼讀者 Welzel Huang 會說「實在令人恐慌」。

林教授的科學養生筆記

1. 嬰兒配方奶是絕對必要的，幼兒及長青配方奶則是可有可無。不管是牛奶還是羊奶，都不可以給嬰兒喝。牛乳必須經過調配，做成配方奶，才可以用來哺養嬰兒

2. 1999 年和 2000 年有實驗顯示，多食用乳製品可逆轉乳糖不耐症

3. 由於嬰兒和小牛的成長有不同的營養需求，所以牛乳必須經過「配方」才能用來哺育嬰兒，而有關脂肪成分方面的調配通常就是需要仰賴各種植物油成分的添加。所以嬰兒配方奶添加植物油是完全合法而且已經行之有年，並非什麼食安事件

1-6
羊奶的營養成分分析

\# 羊奶、免疫牛奶、奶粉、性早熟

讀者張小姐在 2019 年 3 月來信，節錄如下：「前一陣子懷孕，長輩請我訂羊奶或買羊奶粉，說羊奶接近母乳、小寶寶喝羊奶不過敏、增加免疫力等等。冒昧請教林教授，新鮮羊奶是否比羊奶粉好，羊奶真的對身體有益無害？」

羊奶比牛奶好？鮮奶比奶粉好？

張小姐附上一篇《華人健康網》的文章，標題是：「喝羊奶增強免疫力？不是這種體質的別亂喝。」這篇文章的第二小節標題是「羊奶免疫效果難證實，加熱後成分恐受破壞」。接下來，就引用一位周姓中醫師的意見：「雖然現代研究認為，羊奶中含有免疫球蛋白，可以提升人體免疫力，但是，鮮羊奶在加工成羊奶粉的過程中，經過加熱等處理方式，免疫成分可能受

到破壞，恐怕很難真的達到強化免疫力的效果。」

　　從這段話可以看出，周中醫師是在質疑羊奶可以增強免疫力的說法。但問題是他所提供的理由正確嗎？如果正確，那沒有加熱處理過的羊奶就可以提升人體免疫力，是不是？我想讀者都聽過「抗體」（antibody）吧。抗體的功能就是與「抗原」（antigen）結合（binding）。例如，我們接種流感疫苗後，就會產生抗體來對抗流感病毒。這個抗體會與病毒表面的特定抗原結合，從而使病毒失去感染力。

　　抗體是相對於抗原的名詞，它所含的成分其實就是免疫球蛋白。也就是說，免疫球蛋白的功能是與抗原結合，而不是什麼提升人體免疫力。牛奶或羊奶裡的免疫球蛋白是混雜的。它們到底會跟什麼抗原結合，根本就無從得知。而幾乎可以肯定的是，它們根本就不會跟任何抗原結合。也就是說，它們從嘴巴進入我們的身體，有一部分會被胃酸和蛋白酶分解，最後就是從肛門離開我們的身體，如此而已，跟我們的免疫系統毫不相干。如果硬要說有點關係，那醫學界的確是有想要研發「免疫牛奶」，希望用來治療細菌性或病毒性的人類腸道疾病。但是，這種牛奶是特製的（需要給乳牛打疫苗），不是隨便到超市就可以買得到的。對於免疫牛奶或口服免疫球蛋白有興趣的讀者，可以讀附錄裡面的兩篇論文[1]。

另外，有些廠商會宣稱什麼羊奶接近母乳、小寶寶喝羊奶不過敏、高含量的蛋白質、鈣質、維生素 C 及鐵質等等，的確就是商家的行銷技倆，請看這篇文章，標題是「羊奶：這是適合你的奶嗎？」[2]，更重要的是，不管是牛奶還是羊奶，都不可以給嬰兒喝，請看這篇文章，標題是「為何要用配方奶取代牛奶」[3]，至於那篇《華人健康網》文章所說的「燥熱體質不適合喝羊奶」，那是中醫的「理論」，不是科學。就像宗教信仰一樣，信或不信，您有權利選擇（當然，您也可選擇不相信科學）。至於鮮奶是否比奶粉好，答案是，就營養成分而言幾乎是沒有差別，可參考附錄美國乳品出口委員會（US Dairy Export Council）提供的營養成分表[4]。總之，**就對健康的影響而言，羊奶和牛奶之間，沒有科學證據顯示有什麼差別；而鮮奶和奶粉之間也一樣，沒有科學上的差別。**

羊奶導致性早熟？沒有科學根據

讀者黃小姐在 2019 年 11 月發問，節錄如下：「媽媽群組有人說不能喝羊奶，會導致性早熟，引發我的恐慌，因女兒一歲三個月後，已經喝了半年的配方羊奶。後來加入臉書社團「妹仔性早熟」，裡面提到各種會導致性早熟的食物，除了羊奶、還

有豆漿、豆腐、韭菜、乳酪、炸物等,甚至家禽類也要完全禁止,說是會刺激雌激素,但這些都是很容易給小孩吃的食物。希望透過教授的專業,幫我們釐清觀念。另外有家長提到環境荷爾蒙造成性早熟,例如塑化劑,我認為這個是比較合理的。真心謝謝您出版的書,幫助我破除許多似是而非的觀念!」

性早熟通常指的是女孩在八歲以前,男孩在九歲以前出現第二性徵(例如陰毛)。儘管我們常常看到媒體報導近年來性成熟有提前的趨勢,但是事實上,到目前為止,沒有足夠的科學證據可以支持此一說法。要知道,食物或其他環境因素是否會造成性早熟的研究,是非常困難且複雜,加上這方面的研究並沒有很高的迫切性或重要性(不像癌症或糖尿病),所以研究經費的來源就非常有限。因此,坊間所流傳的種種資訊往往是基於個人意見、猜測、推理、吹噓、製造恐懼等等。

根據一篇 2014 年發表的論文,標題是「環境裡的什麼會影響青春期?」[5],醫學界的共識是,在男孩子方面,性成熟並沒有提前的趨勢,而在女孩子方面,乳房的發育似乎有提前的趨勢,但初次月經則無。

有關羊奶會造成性早熟的說法,我找不到任何相關醫學文獻。所以,此一說法應當是謠言或以訛傳訛。不過,在 2011 年

有一篇論文，標題是「乳製品攝取與整體乳品消耗量：與初潮的關聯 1999-2004 NHANES」[6]，認為牛奶的攝取與初次月經的提早發生似乎有些許關係。但是，請注意，這篇論文完全沒有提到雌激素，而事實上乳牛被注射雌激素也只不過就是一個廣為流傳的謠言。

　　至於豆漿或豆腐，有一篇 2012 年發表的論文，標題是「早年豆漿攝取與初潮年紀」[7] 認為豆奶的攝取與初次月經的提早發生似乎有些許關係。此文也特別提到，這可能跟黃豆所含的異黃酮有關，但還需要做進一步的研究。

　　比起牛奶跟黃豆，塑化劑會影響性早熟的證據就顯得堅強許多，請看下一篇文章，讀者如想進一步了解相關科學證據，可以參考附錄的這兩篇論文[8]。最後，至於讀者提到的什麼韭菜、乳酪、炸物、家禽類，都是沒有任何科學根據。

 林教授的科學養生筆記

1. 就對健康的影響而言，羊奶和牛奶之間，沒有科學證據顯示有什麼差別；而鮮奶和奶粉之間，也一樣，沒有科學上的差別

2. 羊奶、韭菜、乳酪、炸物、家禽類會造成性早熟的說法，都是沒有任何科學根據的

塑膠袋與塑化劑的危害

#性早熟、PP 塑膠袋、PE

　　讀者「紅先生」在 2018 年 1 月詢問:「我小時候喝許多運動飲料,因為小五、小六時是體育班的手球隊,學校提供我們一箱一箱的喝。我在國一的時候性早熟,現在成年但陰莖仍然短小,不知道是否跟後來新聞報導的塑化劑有關係,所以來信詢問您,這樣的事情造成我內心深刻自卑。」

運動飲料、塑化劑,導致小弟短小?

　　在台灣,有關運動飲料因含有塑化劑而會造成陰莖短小的說法,是源自於 2011 年 5 月爆發的「塑化劑事件」。例如,在 2011 年 5 月 31 號,中天新聞的報導「三十歲男生殖器小,疑長期喝運動飲料所致」:「屏東署立醫院開放塑化劑特別門診,不少家長帶著自己的小孩到醫院求診,不過,有一位 30 歲的許

姓男子，他說自己長期喝運動飲料，感覺自己的生殖器比別人小，懷疑是塑化劑造成，很擔憂不能生育，儘管醫生檢查後，他的生殖器很正常，男子依舊要抽血檢驗，還要醫生拿出照片比對，醫生哭笑不得」。

那，為什麼家長會帶著小孩求診？我們再來看一則 2011 年 6 月 13 號《蘋果日報》的新聞，大標題是「塑毒陰影，嬰雞雞米粒大」，小標題是「不到正常長度 1/10，母：孕期天天喝飲料」。文章第一段是：「台中市出現一粒米小雞雞，引來塑化劑作祟的聯想。一名婦女今年二月間早產產下一名男嬰，男嬰陰莖竟只有一粒米大小，但男嬰性染色體正常，院方在追查原因時爆發塑化劑事件，男嬰母親坦言懷孕期間每天至少喝一杯茶飲店飲料，醫師認為，雖難斷言是塑化劑惹禍，仍提醒孕婦少吃加工食品飲料，也不要隨便服用健康食品，飲食天然、均衡最好。」

那為什麼會懷疑男嬰陰莖短小，是因為媽媽在孕期天天喝茶飲店的飲料呢？那是因為，醫學文獻裡用老鼠做的實驗發現，塑化劑有抗雄性荷爾蒙的作用，所以，如果孕婦長期喝含有塑化劑的飲料，就可能會導致女兒性早熟或男童女性化。在 2005 年更有一篇調查男嬰的論文發表，標題是「產前暴露於鄰苯二甲酸酯的男嬰的男性器肛門距離減少」[1]，表明產前接觸鄰

苯二甲酸酯與男嬰的肛門生殖器距離和陰莖尺寸減少有關（補充：鄰苯二甲酸酯是一種塑化劑）。

就因為如此，在 2011 年 5、6 月期間，台灣流行起一股媽媽帶著男童到醫院檢查生殖器的風潮。而且，連大男人也開始懷疑，自己的命根子是否也是塑化劑的受害者。可是在當時，所有檢測塑化劑是否會造成生殖器發育失常的研究都是針對剛出生的老鼠或嬰兒。也就是說，在當時，根本就還沒有研究是針對兒童或成人。

這種情況一直到 2017 年才出現改變，台灣的國家衛生研究院及其他數個機構的研究人員發表了文章，標題是「青春期前鄰苯二甲酸酯暴露和生殖激素以及性激素結合球蛋白－台灣鄰苯二甲酸酯汙染食品事件」[2]。這項研究發現，就自身接觸而言（非通過母體），塑化劑有可能會造成女童性早熟，但卻沒有影響男童的性發育。因此，就目前的證據而言，讀者「紅先生」對運動飲料可能造成性器短小的疑慮，似乎是多餘的。

更重要的是，請讀者注意，前面那則中天新聞裡提到「儘管醫生檢查後，他的生殖器很正常，男子依舊要抽血檢驗，還要醫生拿出照片比對，醫生哭笑不得」。男人擔心性器官尺寸不足，是一個很普遍的現象，但往往是沒必要的心理作祟。早在 1966 年，性醫學先驅威廉・麥斯特（William Howell Masters）和

維吉尼亞‧伊詩曼‧強生（Virginia Eshelman Johnson）就在《人類性反應》（Human Sexual Response）這本書裡說，陰莖大小與女性的性滿足無關。五十多年來的後續研究，也都同意此一說法。請看 2016 年發表的文章，標題是「大小並不重要：陰莖大小和焦慮的演化」[3]。

所以，請「紅先生」一定要放寬心。根據我在性醫學領域裡二十多年的經驗，您的焦慮和自卑，是完全沒有必要的。一個男人是否夠男人，是看他的大腦有多靈光和雙手有多勤快，而不是小弟弟有多雄偉。後記，飲料瓶的材質是 PET，不含塑化劑，請看本書 199 頁。

塑膠袋裝熱食，戒之慎之

每年回台探親訪友應是喜事，但有兩樣躲不掉的東西讓我擔心：一是城市裡的熱氣，二是塑膠袋裡的熱食。城市裡的熱氣，我無法要求改變，但塑膠袋裡的熱食可以改善，也應該改。畢竟，它攸關的是台灣人的健康以及國際名聲。

早在 2011 年塑化劑風暴期，台灣媒體已有相關報導。而網路上也不乏學者專家提出的醫學證據，但我 2016 年 6 月回台，還是一次次親眼目睹用塑膠袋裝熱食的情景，而自己也很無奈

地吃了一些。也就是這樣，我決定回美後寫篇文章，以盡綿薄之力。首先，我很好奇台灣的消基會，對這個攸關消費者健康的議題，是否有所關懷。結果，看到的只是有關塑膠袋造成的垃圾問題，而非飲食健康問題。我也到台灣食品藥物管理署網站查看。結果，看到一個 2015 年 11 月 27 日的「本署公告」，此公告把「塑膠袋裝熱湯危害健康」稱之為網路謠傳。如此不可思議的官方立場，在接下來的網路搜尋，總算找到「合理的解釋」。

原來，2011 年 6 月 30 日立法院開了一場公聽會，討論有毒塑化食品，以及是否可以選擇其他材質來替代普遍用來裝熱食的塑膠袋。結果，針對立法委員的提問，食品藥物管理局的組長說：「國人的飲食習慣還有生活習慣，完全一下子禁止掉，在實施上有困難。」

所以，官方認為，用塑膠袋裝熱食是「國人的生活習慣」。也就是說，是自己選擇，自己喜歡的。但，真是如此嗎？根據我的觀察，消費者並沒有做選擇。而是，大家都這麼做，也就沒想過有什麼不對。所以，我相信，如果知道對健康有害，沒有人會做這樣的選擇。那，我就隨手提供三篇這方面的資訊吧，標題分別是「塑膠袋裝熱食，恐產出多種毒素」[4]、「雙酚 A 損造精能力，塑袋裝熱食或致不孕」、「別再用塑膠袋裝熱食，

乳癌高 2.4 倍！」[5]。

　　這三個例子，不能算是科學證據，但所引用的人物是可靠的。我無法提供科學證據，因為科學進步的國家，是不會用塑膠袋裝熱食，也就不會有相關的研究。我無意嚇唬人，只是希望讀者在看過這篇文章後，自己去做一些查詢，然後決定是否繼續接受用塑膠袋裝熱食。畢竟，要杜絕這種不好的習俗，不是立個法下個令就好，而是需要全民自覺。

耐高溫塑膠袋的選擇與疑慮

　　發表了前一段「塑膠袋裝熱食」之後，有讀者問：「可是PP 耐熱不是可以到 110 度，這樣也會有毒嗎？」沒錯，PP 是所有塑膠材質中最耐高溫的（100-140 度），但我在台灣從沒有親眼見過商家用 PP 塑膠袋裝熱食，我見過的都是用 PE 塑膠袋。

　　當然，我在台灣的時間一年只有幾天，所以不能以偏概全。不過，我還是建議這位讀者，自己做點觀察，看看商家用的是 PE 還是 PP。PP 塑膠袋延展性差，搓揉時聲音響亮；PE 塑膠袋延展性佳，搓揉時聲音細小。PE 又分成高密度（HDPE，90-110 度）及低密度（LDPE，70-90 度）兩種。至於商家用的是 HDPE 還是 LDPE，也只能碰運氣，因為，根據自由時報，

商家根本搞不清用的是那一種材質的塑膠袋。

也許你會問，塑膠袋上不是有標識材質嗎？但是，你有親手接過有標識材質的塑膠袋嗎？可能性不大。因為，有標識材質的塑膠袋是個別印製的，成本高。而商家為了降低成本，大多是用沒有標識的成卷塑膠袋。何況，塑膠袋在製造過程中可能添加了化學物質。所以，就算是用耐熱的塑膠袋裝熱食，也難保不會滲出有毒物質。再則，因為塑膠材料在回收時分類不清，使得再生後的 PE 或 PP 塑膠容器也會含有塑化劑。還有，食物中並不是只有清水，而是有油、鹽、酸等，會增加化學物質溶出的因素。

最後，如果你還需要更多的證據，就請看一段林杰樑醫師在 2011 年 1 月 12 日寫的 [6]：

最近國內學者研究發現台灣人的體內塑化劑暴露劑量遠超過其他國家，引起國人相關的重視。根據 2007 年成功大學李佳璋教授的研究，國內孕婦尿液中塑化劑相關代謝產物的含量，高達先進國家孕婦的尿中塑化劑含量高 8 到 20 倍，同樣的陽明大學蔡美蓮教授也發現國內國人每天由食物中攝取的塑化劑（DEHP，屬於鄰苯二甲酸酯鹽類的一種）的總量高達每公斤體重 33.4 微克，是德國人的 3 倍。已經逼近歐盟所規定每人每天

的塑化劑（DEHP）最大攝取值每公斤體重 37 微克，但遠超過
美國 FDA 所規定每人每天的塑化劑（DEHP）最大攝取值每公
斤體重 20 微克。國人暴露塑化劑的嚴重程度可見一斑。

 林教授的科學養生筆記

1. 2017 年台灣研究發現，就自身接觸而言（非通過母體），塑化劑
   有可能會造成女童性早熟，但卻沒有影響男童的性發育
2. PP 是所有塑膠材質中最耐高溫的（100-140 度），PE 則分成高密
   度（HDPE，90-110 度）及低密度（LDPE，70-90 度）
3. 就算選擇耐高溫塑膠袋，還是有很多因素可能導致化學物質溶出
4. 科學進步的國家不會用塑膠袋裝熱食，也就不會有相關的研究

草菇、番茄、西瓜，論烹煮之重要

#茄紅素、順式反式、紅血球凝集素、豆類、香菇柄

讀者 Tsu-Fan Cheng 在 2020 年 6 月用英文來信，翻譯如下：「我聽說沒有煮熟的番茄，其茄紅素不易被吸收利用，那西瓜中的茄紅素是如何被吸收利用，黃肉的西瓜也有茄紅素嗎？非常感謝。」

茄紅素攝取，為何番茄需要煮，西瓜則否？

這位讀者所說的「沒有煮熟的番茄，其茄紅素不易被吸收利用」，的確是有這樣的研究報導，而網路上也有非常多這方面的資訊。這位讀者所問的西瓜中的茄紅素是如何能被吸收利用，已經有人做過研究，也得到初步答案。可是，由於網路上有一些錯誤的資訊，所以我會把這個提問留在最後來做比較詳細的討論。

　　我先回答這位讀者所問的「黃肉的西瓜也有茄紅素嗎？」。是這樣的，不論是紅肉或黃肉的西瓜，都有很多不同的品種，而根據一篇 2005 年發表的研究論文，**各種紅肉西瓜品種都含有豐富的茄紅素（lycopene），而各種黃肉西瓜品種，則都不含或只含極小量的茄紅素**，有興趣的讀者可以翻到附錄讀這篇文章，標題是「西瓜和番茄的顏色比較」[1]。

　　好，現在可以來討論「西瓜中的茄紅素是如何能被吸收利用呢」。茄紅素的化學結構可以是反式或順式。天然存在的茄紅素（例如在紅番茄和西瓜裡）幾乎都是反式。比較特殊的情況是黃色的番茄，這種英文叫做「橘子番茄」（Tangerine Tomato）的變種番茄所含的茄紅素則是順式，請看以下三篇論文：2009 年論文，標題是「在健康成人中，橘子番茄比紅番茄增加的總含量和四順式茄紅素異構體濃度」[2]；2014 年論文，標題是「選擇遺產番茄時人體內四順式茄紅素的生物利用度和四順式茄紅素的濃度」[3]；2015 年論文，標題是「跟紅番茄汁相比，橘子番茄汁的順式異構體的生物利用度提高，隨機、交叉的臨床試驗」[4]。

　　人體無法合成茄紅素，所以只能從食物攝取到茄紅素，而最主要的食物來源就是紅番茄。可是儘管紅番茄所含的是反式茄紅素，人體裡的茄紅素卻絕大多數是順式。因此，就有一些

假設來解釋此一現象，包括食物的處理（切碎）或烹煮，或是腸道的消化過程，會將茄紅素從反式轉化為順式。

尤其是「烹煮」這個假設（說法），是最廣為流傳，這也是為什麼網路上會有很多文章故作驚人之語，說什麼「……吃錯了，一定要煮熟」等等。問題是，西瓜也含有豐富的茄紅素，卻都是生吃。既然不煮，西瓜的茄紅素又怎麼能被吸收呢？《康健雜誌》在 2016 年 7 月 6 號有發表一篇「西瓜 VS. 番茄，誰的茄紅素多？」，文章裡面有這麼一句話：「西瓜就含有很多順式茄紅素，不必煮，人體就可直接吸收」。

這篇文章被很多人轉載，但很不幸的是，這個說法是錯誤的。根據下面這三篇研究論文，西瓜跟紅番茄一樣，所含的茄紅素幾乎都是反式（95% 反式，5% 順式），這三篇分別是 2003年論文，標題是「食用西瓜汁會增加人體中茄紅素和 β 胡蘿蔔素的血漿濃度」[5]；2004 年論文，標題是「鮮切西瓜的肉質和茄紅素穩定性」[6]；2017 年論文，標題是「用交叉流微濾從西瓜中濃縮茄紅素」[7]。

這三篇論文也都指出，**儘管西瓜的茄紅素是反式，但其吸收率是跟加工（加熱）過的番茄汁不相上下**。至於為什麼番茄需要煮，而西瓜則不用煮，目前最好的解釋是「質地與結構上的不同」。也就是說，因為番茄的質地緊密，結構上又把茄紅素

包藏起來，所以需要打碎及烹煮，才能將茄紅素釋出，而西瓜則無此必要。補充說明，有關茄紅素的吸收和代謝，說起來太複雜，一般讀者實在沒必要知道。如果您想知道，那就請看附錄中這篇 2012 年發表的論文，標題是「茄紅素的代謝及其生物重要性」[8]。

草菇、香菇柄，會引發中風？

讀者何先生在 2020 年 6 月來信詢問：「林教授您好，因家人在網路上看到影片，表示香菇的柄不能吃……可否解答？」

讀者提供的影片是 2014 年 11 月 13 號發表，標題「痔瘡是肝臟機能引起的」[9]，但此片最引起關注的並不是痔瘡或肝臟，而是草菇和香菇柄，尤其是香菇柄，因為影片裡說「香菇柄會導致中風」。這個影片在 2019 年 1 月時被大量轉傳，台灣食藥署的「闢謠專區」也趕緊發表文章澄清，標題是「菇的柄不要吃，卻常拿來當素料，豆瓣醬不能吃，很毒，是真的嗎？」。澄清文說：「有關 YOUTUBE『痔瘡是肝臟機能引起的』影片，請民眾應該抱持小心謹慎的態度，不要隨便輕易相信。香菇或香菇柄皆為可供食品使用的傳統原料。」

可是，在影片的評論欄下，有網友 Yan-Cheng Lin 這麼說：

「政府的闢謠可以聽的話，國人就不會大量死於癌症了」。雖然這位網友說的是有點過分，但食藥署的這個闢謠的確太軟弱無力。光是說「可供食品使用」是無法使人信服的，尤其是謠言的來源是一位主任級的醫生，還是媒體口中的名醫。這個七分零六秒演講影片，主講者是中國醫藥大學附設醫院外科部副主任，也曾是台中榮總大腸直腸外科主任。他還有一個 2012 年的演講影片也曾被瘋傳，標題是「吃肉鬆易罹大腸癌？名醫王輝明演講引發風波」。

含紅血球凝集素的食物，需要煮熟才能食用

我現在把王醫師在這支影片裡第 16 秒到第 45 秒之間所講的話完整拷貝如下：「草菇就不能吃了。草菇裡面有一個蛋白質凝集毒素，吃太多會中風。還有香菇的柄也不要吃，也會這樣……香菇吃那個帽子好了……那個柄盡量不要吃……那個沒有人吃。可是我們常常拿去當素料。有一個蛋白質凝集毒素，會中風。日本人研究出來的……草菇也有。」

蛋白質凝集毒素，這是啥東西？我用中文和英文做搜查，怎麼也查不出有這麼一個毒素。但老實說，我心裡明白，這位王醫師是把「紅血球凝集素」誤說成「蛋白質凝集毒素」。紅

血球凝集素的英文是 Hemagglutinin，香菇的學名是 Lentinula edodes（英文 Shiitake mushroom），我用前兩者做搜索，只搜到一篇俄文的研究論文。草菇的學名是 Volvariella volvacea（英文 Straw mushroom），我再用紅血球凝集素英文加上草菇學名做搜索，結果只搜到一篇研究論文，但是它只是提到草菇，而不是做草菇的研究。

不管香菇柄或草菇是否真的含有紅血球凝集素，真正重要的問題是，吃含有紅血球凝集素的食物真的會引發中風嗎？事實上，非常多的食物都含有紅血球凝集素，尤其是豆類，其中大顆的紅豆，是含量最高的。所以，如果王醫師認為紅血球凝集素會引發中風，那為什麼他沒有建議不要吃豆類呢？我在《餐桌上的偽科學》92 頁就寫過，**「生的豆類含有高量的紅血球凝集素，而此毒素是有致命性的。只要用蒸或水煮十分鐘，就可以將豆類中的紅血球凝集素減少 200 倍。但用慢鍋煮是沒有用的，因為攝氏 80 度以下的溫度是無法破壞紅血球凝集素」**。關於這點，有興趣的讀者可以去讀附錄這篇論文，標題是「熱處理對紅豆紅血球凝集素活性的影響」[10]。

也就是說，只要是用高溫煮過，縱然是含有大量紅血球凝集素的豆類，也是安全無虞的。那既然香菇柄和草菇也都是在高溫煮過後才成為食物，它們當然也是安全無虞的。所以，我

可以跟你保證，吃煮熟的香菇柄或草菇絕對不會引起中風。

 林教授的科學養生筆記

1. 為什麼番茄需要煮，才能將茄紅素釋出，而西瓜則不用煮，目前最好的解釋是「質地與結構上的不同」。也就是說，因為番茄的質地緊密，結構上又把茄紅素包藏起來，所以需要打碎及烹煮，而西瓜則無此必要

2. 只要是用高溫煮過，縱然是含有大量紅血球凝集素的豆類，也是安全無虞的

1-9
醃製食品與泡菜的疑慮

#辣蘿蔔、辣白菜、胃癌、亞硝酸鹽

　　讀者 Andy 在 2019 年 5 月用臉書寄來一篇 TVBS 的文章，標題是「胃癌率世界第一！愛吃泡菜會致癌，醫證實：是真的」，內文提到，林口長庚血液腫瘤科醫師謝佳訓曾表示，泡菜致癌是真的。謝醫師也說，「醃製食物本身就不是一種健康的飲食習慣，而這也使得韓國、日本成為世界的胃癌大國。」

泡菜會導致胃癌？

　　好，我們先來看，韓國和日本是否真是世界的胃癌大國。根據「世界癌症研究基金會」（World Cancer Research Fund）所發表的胃癌數據[1]，世界上胃癌發生率最高的前五名國家是：韓國、蒙古、日本、中國和不丹。所以，謝醫師所言無誤。那醃製食物（尤其是泡菜），真的會增加胃癌的風險嗎？我們來看從

1994 年到現在的六篇相關研究：

一、1994 年論文，標題是「韓國西南部兩種亞硝化食品中的 N- 亞硝基化合物」[2]，結論是：泡菜中硝酸鹽含量高，硝化後食物中總 N- 亞硝基化合物含量高，以及傳統飲食中泡菜的消耗量表明，鹽漬酸菜可能對胃癌之發生起作用。

二、2002 年論文，標題是「韓國的膳食因素和胃癌：病例對照研究」[3]，結論是：辣白菜泡菜（Baiechu kimchi）的攝入量與胃癌風險成反比。辣蘿蔔泡菜（Kkakduki kimchi）與蘿蔔水泡菜（Dongchimi kimchi）的攝入量，與胃癌風險成正比。

三、2005 年論文，標題是「泡菜和大豆醬是胃癌的危險因素」[4]，結論是：泡菜和大豆醬中含有的鹽或一些化學物質，通過發酵增加，對胃癌的發生起重要作用。

四、2011 年論文，標題是「韓國胃癌流行病學」[5]，結論是：泡菜和大豆醬的高攝入量或頻繁攝入會增加胃癌的風險。

五、2012 年論文，標題是「醃製食品和胃癌的風險－對中英文獻的系統回顧和薈萃分析」[6]，結論是：食用醃製食品可能增加胃癌風險 50％，而韓國和中國的關聯可能更強。

六、2014 年論文，標題是「韓國人群的飲食和癌症風險：薈萃分析」[7]，結論：泡菜與胃癌風險增加有關。

從以上這些論文，我們幾乎可以肯定，醃製食物（尤其是

泡菜）是會增加胃癌的風險。但我個人認為，只要不是像韓國人那樣天天吃餐餐吃，應該是 OK。

醃製食物好壞，北醫學生採訪

台北醫學大學的陳同學在 2019 年 12 月來信希望能訪問我，因為當時我人在美國，所以改成書面採訪。這份訪綱主要是關於醃製食物是否對健康有害（例如癌症），尤其是醃製蔬菜（例如韓國泡菜）是否含有所謂會致癌的亞硝酸鹽。他也想知道我個人對醃製食物及亞硝酸鹽的看法，下面是我給這位同學的回覆。

根據附錄的這兩篇論文[8]，醃漬蔬果的亞硝酸含量極低，根據附錄的這三篇論文以及四篇有科學證據的網路文章[9]，硝酸及亞硝酸對健康是有益的，關於醃漬或發酵食物對健康到底是有害或有益，首先我們必須了解，這方面的食物種類繁多，而製作方法也是千變萬化，再加上這方面的臨床試驗是屬於非常高難度的範疇，所以想要單純地用有害或有益這種二分法來評斷它們對健康的影響，實在是近乎緣木求魚。

至於文獻裡已經出現的好壞兩派，很有可能是因為研究人員受到商業利益的影響，而做出偏執的結論。至於媒體的報

導，那就更是天南地北，不知所云了。我已經說過很多次，絕大多數的媒體及網路文章只是想吸引點擊，至於內容的對錯，媒體是不會在乎的。舉個例子，我曾經指出元氣網在一個月裡就發表了三篇互相抵觸的文章，那是關於跑步是否對健康有害的主題。當然，話又說回來，媒體永遠都可以理直氣壯地說，我們只提供訊息，至於對錯，那是讀者自己要判斷。

沒錯，韓國的胃癌率世界第一是不爭的事實，而韓國人的泡菜攝食量世界第一也是不爭的事實，所以將這兩個事實綁在一起似乎是無可厚非。但是，我在前一段文章裡有提到，泡菜有很多種類，而有些種類曾被發現似乎會降低胃癌的發生率。所以，這又再次顯示，想要單純地用好壞這種二分法來評斷食物對健康的影響，並不恰當。

至於我個人對食物，甚至於對所有生活形態的看法是，只要一個人的心智是成熟健全，並且願意承擔已經被告知的風險，那他就可以高高興興地去做他喜歡做的。要知道，有些人天天抽菸快樂似神仙，一點事都沒有，而有些人一輩子不抽菸，卻得肺癌死了。也就是說，儘管臨床試驗（針對族群）的評估說某某東西有害，但是對於個人，同樣的東西卻可能是無害，甚至有益。

最後我希望讀者能了解，我撰寫文章的主要目的是要打擊

偽科學，而不是要教導人家怎麼過生活。事實上我是非常厭惡恐嚇性的說教文章，例如什麼「隔夜菜會致癌」、「隔夜茶毒如蛇」之類的。我會勸導我的讀者，但更尊重他們個人的選擇。任何人，只要他願意承擔已被告知的風險，都可以選擇做他喜歡做的事，不管是三餐都吃泡菜，或是每天抽個三五包菸（當然，如果讀者問我，我會勸他千萬不要）。

 林教授的科學養生筆記

1. 根據 1994 到 2016 年的六篇論文，幾乎可以肯定醃製食物（尤其是泡菜）是會增加胃癌的風險。但我個人認為，只要不是像韓國人那樣天天吃餐餐吃，應該是 OK

2. 醃漬或發酵食物對健康到底是有害或有益，這方面的食物種類繁多，而製作方法也是千變萬化，再加上這方面的臨床試驗是屬於非常高難度的範疇，所以單純的二分法很難適用

蜂蜜的健康分析

#麥盧卡蜂蜜、胃癌、血糖、咳嗽、燙傷

2017 年 6 月，朋友傳來標題為「蜂蜜的神奇保健力」的影片，這是 2016 年 1 月 2 日發布，已有超過兩百五十萬個點擊。影片裡是一位台灣江姓「名醫」在講蜂蜜的種種醫療功效。為什麼我要將名醫特別括弧起來，相信我的讀者都知道，「名」不等於好。

蜂蜜有神奇的保健力？

有關這位「名醫」，我在 2015 年 9 月 21 日有發表一篇文章〈名醫關心你的健康〉，說他是連鎖購物商舖的老闆，而他所提供的醫療資訊，無非就是在推銷自己的商品。有人更直接了當，說他是「違背科學的白袍商人」。更不可思議的是，儘管一再強調開商舖的目的是要濟世救人，而商品是「嚴格篩選、零

汙染」，他賣的鱈魚卻被驗出含有重金屬。不管如何，在這個影片裡，這位名醫說蜂蜜能治療下列這些毛病，包含：咳嗽、燙傷、胃癌、電療化療引起的口腔炎、高膽固醇／三甘油酯和糖尿病。

請注意，儘管標題說是保健力，但他實際上講的是「醫療功效」。很顯然，大家心知肚明，明著講醫療功效是違法行為，所以就暗著說是保健力來規避法規。但是，這個影片確實出現以下的說法，例如「蜂蜜控制血糖，唯一可以作為糖尿病病人的代糖」「英國外科醫學會：蜂蜜，二級燙傷首選藥物」「對付久咳，蜂蜜效果更勝類固醇」「蜂蜜能抑制三酸甘油脂」「蜂蜜能緩解癌症治療中不適」「可以抑制胃幽門螺蜁俊，降低罹患胃癌風險」。

好，我們來看看這些「醫療功效」有幾分科學證據。有關咳嗽，一篇發表於 2014 年 12 月 23 號的綜合分析報告，標題是「蜂蜜對於孩童急性咳嗽的效果」[1]，有這樣的結論：沒有強力的證據贊成或反對使用蜂蜜。

有關電療化療引起的口腔炎，一篇發表於 2017 年 2 月的小型臨床報告有這樣的結論[2]：化療／電療誘發的兒科口腔黏膜炎可以透過局部應用當地沙烏地阿拉伯蜂蜜而大大減少。但是，像這樣的研究，難免讓人懷疑是否在替沙烏地阿拉伯蜂蜜做廣

告。

　　有關胃癌，名醫的說法是，因為蜂蜜可以抑制幽門螺旋菌，所以它能降低罹患胃癌風險。但是，幽門螺旋菌只是胃癌的肇因之一，並非全部。況且，也沒有任何臨床研究表明，蜂蜜可以降低罹患胃癌風險。

　　有關高膽固醇／三甘油酯，名醫的說法是，蜂蜜可以降低三酸甘油酯，可以降低膽固醇 8%，可以降低壞膽固醇 11%，可以增高好膽固醇 2%。可是呢，根據一篇發表於 2015 年 10 月 1 號的臨床研究報告，標題是「蜂蜜、蔗糖、高果糖玉米糖漿的食用，會對葡萄糖耐受和不耐受個體，產生類似的新陳代謝反應」[3]，蜂蜜對好膽固醇沒有影響，但是會增加壞膽固醇及三酸甘油酯。

　　有關糖尿病，江姓名醫的說法是「蜂蜜能控制血糖，是唯一可以給糖尿病患攝取的代糖」。但是，根據一篇 2008 年發表的大型分析論文[4]，蜂蜜和蔗糖的血糖指數分別是 61 和 65。至於蜂蜜到底是會升高或降低糖尿病患的血糖，目前的臨床研究是正反兩派都有。可以肯定的是，凡是正規的醫療機構，都不建議糖尿病患將蜂蜜視之為無害的代糖，請參考附錄中這篇 2014 年發表的綜述性論文[5]以及信譽卓著的梅友診所[6]。

　　有關燙傷，江名醫的說法是，英國外科醫學會將蜂蜜定位

為二級燙傷的首選藥物。為此，我到英國皇家外科醫學院（The Royal College of Surgeons of England）的網站找到一篇 2017 年 2 月 1 日發表的論文，標題是「外科與蜂蜜」[7]。我把其中一句關鍵文字翻譯如下：麥盧卡蜂蜜（Manuka Honey）是一種被廣泛研究和應用的醫用級蜂蜜。其抗菌作用主要取決於甲基乙二醛（methylglyoxal) 的存在，而甲基乙二醛的唯一來源是麥盧卡花蜜（註：麥盧卡是紐西蘭及澳洲特有的植物）。從這句話可以得知，治療傷口用的蜂蜜，指的是麥盧卡蜂蜜，而不是任何蜂蜜。

江名醫在影片裡有說，宜蘭大學陳裕文教授的研究發現，台灣龍眼蜂蜜的「抗菌環」比麥盧卡蜂蜜還大，代表抗菌能力更強（補充：抗菌環是實驗室測量藥物抗菌力的方法）。這個研究是陳裕文教授指導的碩士論文[8]，並不是已被醫學界接受的證據。何況，抗菌環的大小也只是實驗室數據，不應被直接延伸為臨床功效。（江名醫在影片裡，手上握著一瓶龍眼蜂蜜，是不是此地無銀三百兩？）

綜上所述，所謂蜂蜜的種種醫療功效，是缺乏可靠的科學證據，這個結論也是正規醫療機構都同意的。讀者如想進一步了解這些醫療機構所提供的相關資訊，可到梅友診所[9]或紀念斯隆凱特琳癌症中心[10]的蜂蜜資訊網頁一探究竟。這兩家機構都是世界一流的，當然可信度絕對高過這位賣力推銷蜂蜜的「名醫」。

蜂蜜比糖健康？沒有科學證據

讀者 Simon Wang 在 2020 年 6 月來信：「林教授，我是一名藥師，看了您的前兩本書後覺得受益良多，顛覆了一些想法，也買了第三本《維他命 D 真相》準備拜讀。我想請問，蜂蜜是否比糖更健康？因為許多文章都這麼說，導致我每次去飲料店，總會偏向點蜂蜜類來取代糖類。」

首先，我需要吹毛求疵地糾正這位讀者的用詞。他所問的「蜂蜜是否比糖更健康？」意思是「糖是健康的，那蜂蜜是否更健康呢？」。但很顯然，這不是他的意思。尤其是他本人是位藥師，就更不可能會認為糖是健康的。所以，他真正的意思應該是「既然糖不健康，那蜂蜜是否會比糖健康些呢？」

至於讀者提到的「許多文章說蜂蜜比糖還要健康」，這個論點的中英文論述確實都很多。但是，我到公共醫學圖書館 PubMed 搜索，卻是連一篇「蜂蜜和糖的比較」的論文都沒有。所以，所有這些聲稱蜂蜜比糖更健康的文章，都是沒有科學根據的。事實上，要做比較蜂蜜與糖對健康影響的研究，在技術上是太困難了，而且也不會有任何人或機構提供研究經費。所以，這就是為什麼目前沒有任何這方面的論文，而毫無疑問地，以後也絕不會有。

　　那，許多文章所聲稱的蜂蜜比糖健康，到底比的是啥東西呢？答案是，比的是成分之間的差別。然後，光是根據這些成分之間的差別，這些文章就大躍進到對健康影響的差別。**事實上，絕大多數聲稱 A 營養素比 B 營養素更健康，或 A 食物比 B 食物更健康的文章，都是採取這種「大躍進」手法，而非根據真正的實驗數據**。雖然有些這種大躍進的文章是可以拿來做參考，但請您千萬不要完全相信任何這類的文章。好了，在您有這樣認知的前提下，我可以來介紹兩篇「有學者氣息」的文章（不是網路上絕大多數那種吆喝式的「菜市場」文章）。

　　第一篇文章是哈佛大學健康網站的編輯哈維・賽門（Harvey Simon）醫生在回答一位讀者的提問「我女兒說蜂蜜比糖健康，是真的嗎？」。這篇文章是 2011 年 7 月發表，標題是「蜂蜜有益健康嗎？」[11]。哈維・賽門醫生說：「人們早在使用蔗糖和甜菜糖之前就開始將蜂蜜用作甜味劑。儘管歷史悠久，但尚不清楚蜂蜜是否對健康特別有益。蜂蜜主要由水（17％）和兩種單醣組成：果糖（38％）和葡萄糖（31％）。次要成分包括各種複合糖、礦物質、維他命和蛋白質。這些成分中有一些是具有抗氧化特性，但含量很小，以至於它們不會影響健康。一湯匙的蜂蜜約含 64 卡路里；相比之下，一湯匙的糖含有 45 卡路里的熱量。當涉及到您的家人時，我當然不建議您反對您的親愛

的。相反地，我建議您做出任何您認為最甜蜜的選擇。」補充：「親愛的」（honey）是雙關語，既可以是蜂蜜，也可以是提問人的女兒。

第二篇文章是發表在我任職二十二年的母校加州大學舊金山分校的一個網站。這個網站叫做「糖科學」（Sugar Science），專門提供跟糖相關的科學資訊。這篇文章是由伊凡斯・懷特克（Evans Whitaker）醫生所撰寫，標題是「蜂蜜的甜蜜科學」[12]。懷特克醫生說：「蜂蜜含有約 40％的果糖，而糖則含有 50％的果糖。由於一些健康問題，例如肝臟和代謝疾病，都與果糖的大量攝入有關，所以果糖較少的蜂蜜是具有一些潛在的健康優勢。蜂蜜也含有一些對健康有益的營養素，例如抗氧化劑、氨基酸和維他命。但是，蜂蜜的熱量則比糖多，分別為 21 和 16 卡路里（每茶匙）。所以，總體而言蜂蜜是具有一些額外的功能，但請記住，蜂蜜仍然是糖的一種形式。因此，我們建議您仍然要將蜂蜜算作每天添加糖攝入量的一部分，並將食用量保持在專家小組建議的限制內，即每天女性是 6 茶匙（25 克），男性則是 9 茶匙（38 克）。」

從這兩位醫生所說的就可看出，就成分而言，蜂蜜是具有一些小優勢，但這是否就代表比較健康，實在是很難說。我個人是認為，蜂蜜最大的優勢是在於風味，例如蜂蜜檸檬冰。所

以，我的建議是，根據個人對風味的喜好來做選擇，而不是比較健康與否。

 林教授的科學養生筆記

1. 咳嗽、燙傷、胃癌、電療化療引起的口腔炎、高膽固醇／三甘油酯和糖尿病……蜂蜜的種種宣稱的醫療功效，目前都缺乏可靠的科學證據

2. 蜂蜜到底是會升高或降低糖尿病患的血糖，目前的臨床研究是正反兩派都有。可以肯定的是，凡是正規的醫療機構，都不建議糖尿病患將蜂蜜視之為無害的代糖

3. 公共醫學圖書館 PubMed 連一篇「蜂蜜和糖的比較」的論文都沒有。所以，所有這些聲稱蜂蜜比糖更健康的文章，都是沒有科學根據的

1-11

MCT 油、印加果油、亞麻籽油的營養分析

中鏈三酸甘油脂、椰子油、魚油、Omega3、Omega6

關於各種食用油的問題，因為是民生所需，所以有常常會有讀者會寫信來問我，之前的書裡有講解過橄欖油、椰子油、棕櫚油、芥菜籽油等，這一篇則要分析另外三種受到吹捧的「神油」，分別是 MCT 油、印加果油和亞麻籽油。

MCT 油的好處，尚不確定

讀者 Ch Er 在 2019 年 6 月寄來一篇文章問我「MCT 油真的這麼好嗎？」。此文標題是「MCT 油的效益與副作用的比較：弊大於利嗎？」，翻譯自 2017 年 9 月 12 號發表的文章[1]。從此文的標題，您應該就可以看出，作者也不敢確定 MCT 油到底是好還是壞。

MCT 是 medium-chain triglycerides 的縮寫，中文叫做「中

鏈三酸甘油脂」。相信大多數人都聽過三酸甘油脂，卻搞不懂是那是什麼。其實很簡單，它就是俗稱的「肥」、「油」或「脂肪」。之所以叫做三酸甘油脂，是因為脂肪的化學結構是由三個「脂肪酸」與一個「甘油」結合而形成的。不論是食物裡的（包括各式各樣的食用油），或是我們身體裡的脂肪，都是三酸甘油脂。

　　脂肪酸的種類繁多，但骨幹都是一條由碳組成的「碳鏈」。碳數在 1 到 5 之間的碳鏈被定位為「短鏈」，碳數在 6 到 12 之間的碳鏈被定位為「中鏈」，碳數在 13 到 21 之間的碳鏈被定位為「長鏈」，而碳數在 22 以上的碳鏈則被定位為「超長鏈」。中鏈脂肪酸共有四個，分別簡稱為 C6、C8、C10、C12；長鏈脂肪酸則有很多。當三酸甘油脂含有兩條或三條中鏈脂肪酸，就叫做「中鏈三酸甘油脂」。當三酸甘油脂含有兩條或三條「長鏈脂肪酸」，就叫做「長鏈三酸甘油脂」。在接下來的討論裡，我會把中鏈三酸甘油脂簡稱為「中鏈脂」，而把長鏈三酸甘油脂簡稱為「長鏈脂」。

　　中鏈脂之所以會被認為有益健康，簡單地說，是因為它們在小腸裡被分解和吸收後，會被運送到肝臟去轉換成能源。反過來說，長鏈脂則需要經過較長的過程才能轉換成能源，而且多餘的部分還會被運送到脂肪組織去儲存。所以，中鏈脂會帶

給你能量，而長鏈脂則有可能會帶給你肥胖。

　　大多數食物所含的脂肪是「長鏈脂」，唯二的例外是椰子油和棕仁油。椰子油含有百分之六十幾的中鏈脂，棕仁油含有百分之五十幾的中鏈脂，牛奶裡的脂肪則只含 10% 到 12% 的中鏈脂。由於椰子油含有如此高比例的中鏈脂，所以才會被一大堆網站和廣告吹捧為有益健康。但是，美國心臟協會卻一再警告，說椰子油會增加心血管疾病風險。有一位哈佛教授甚至在演講裡聲稱椰子油是十足毒藥（請複習《餐桌上的偽科學》第 19 頁）。

　　那，為什麼會有如此兩極的意見呢？問題極有可能是出在中鏈脂分類定義的錯誤。儘管椰子油含有百分之六十幾的中鏈脂，但是其中約 50% 是 C12，而 C12 的吸收及代謝途徑事實上是比較像長鏈脂。也就是說，C12 本應被歸類為「長鏈脂」，但卻很不幸地被歸類為中鏈脂。偏偏，有心人士就抓住這一個分類的錯誤而大力鼓吹椰子油是含有大量的中鏈脂，是有益健康的 [2]。有關中鏈脂是否有益健康，臨床研究數量最多的是在體重控制方面（即減肥）。至於效果如何，請看這兩篇較大型的薈萃分析：

　　2015 年論文，標題是「中鏈三酸甘油脂對於減重和身體組成的功效：隨機控制綜合分析」[3]，結論：在飲食中用中鏈脂來

取代長鏈脂可能會誘導些許減重，然而這還需要進一步的研究來確認。

2012 年論文，標題是「中鏈三酸甘油脂在飲食中的攝取對於身體組成的影響：系統回顧」[4]，結論：研究的結果是不確定的，並且需要使用標準量的中鏈脂來做進一步的對照研究。

在減肥之外，有關中鏈脂的其他研究，結論也都是「不確定」。例如這篇 2014 年有關阿茲海默症的研究，標題是「中鏈三酸甘油脂 (Axona®) 在中度阿茲海默症的治療角色」[5] 結論：「中鏈脂」的臨床功效似乎只有一點點。所以，讀者所問的「MCT油真的這麼好嗎？」，我也就只能回答：不確定。

見證印加果油，是美魔女要揩你的油

讀者王先生在 2020 年 7 月 13 來信詢問：「教授，我的女友看了印加果油的電視廣告，裡面說：吃好油排掉壞油，人之所以會肥胖是因為身體慢性發炎導致的，吃印加果油可以抗發炎」。現在她吵著要買，不知道教授的觀點如何？」

這位讀者附上兩個影片，分別是 2019 年 10 月 19 號發表的「健康印加果油」和 2020 年 1 月 9 號的「民視／三立聯合推薦，

MIT 高純化印加果油 100% 天然魔油」，前者是電視節目《健康好自在》，主持人是曹蘭，素人來賓是三位媽媽級美魔女，藝人來賓是趙心妍，專家來賓則是號稱生化營養專家的高御書。曹蘭扮演連什麼叫做健康都不知道的傻大姐，四位來賓則是扮演見證印加果油的神奇瘦身功效，營養專家扮演的則是重頭戲，也就是唱作俱佳地胡扯「讓三高肥胖水腫開溜、吃好油排掉壞油、吃對好油趕走壞膽固醇……等等等。這樣的黃金組合和演出，的確是令人心動，也就怪不得王先生的女友會吵著要買這種美魔產品了。

2020 年那個影片是「消費高手：MIT 高純化印加果油 100% 天然魔油」，主持人是支藝樺，來賓則是三位窈窕媽咪。在這裡，主持人可一點也不像是個傻大姐，她和來賓淨瑩負責挑起胡扯的重擔，什麼「發炎會造成肥胖、要瘦身就要滅火、好油趕走壞油」，虎蘭畫得一個比一個大。

我在 YouTube 上看這兩個影片時，也順便看了其他幾個印加果油的影片。這些影片所講的東西有下面這三個共同點：一、印加果油是 omega-3 之王，是魚油的兩倍，橄欖油的五十倍。二、印加果油也含有大量的 omega-6 和 omega-9，是其他的油無法與之匹敵的。三、印加果油有驚人的瘦身功效，尤其是能讓女性都變成美魔女。

　　但是很抱歉，印加果油並非 omega-3 之王，這個頭銜是屬於亞麻籽油。根據一篇 2012 年發表的研究論文[6]，印加果油含 42.4% 的 omega-3，而亞麻籽油則含 53.4%。更抱歉的是，「印加果油的 omega-3 含量是魚油的兩倍」這個說法，是百分之百的掩耳盜鈴。Omega-3 分成 ALA、EPA 和 DHA 三種，碳鏈長度分別是 18、20 和 22。ALA 是源自植物，像亞麻籽、芥菜籽和印加果；EPA 和 DHA 則是源自動物，例如鮭魚。

　　對人類而言，ALA 本身並無促進健康的作用，但 EPA 和 DHA，尤其是 DHA，對人類健康則是至關重要。人類在吃了 ALA 之後，大約能將 5% 的 ALA 轉化成 EPA，而最終大約只能將不到 0.5% 的 ALA 轉化成 DHA。請看 2007 年發表的研究論文，標題是「成人中長鏈多不飽和化合物的合成極為有限：對其飲食必需性和作為補充劑的用途的影響」[7]。或者，請看下一段「亞麻籽油比魚油好嗎」。

　　也就是說，**儘管印加果油的整體 omega-3 含量是魚油的兩倍，但是就「對人體健康有益的 omega-3」而言，印加果油的含量卻只有魚油的十分之一，甚至是不到百分之一。**所以，拿印加果油來和魚油相比，簡直就是孫悟空要跟如來佛打架，頂多也就只能撒泡尿給自己照鏡子而已。

　　至於「印加果油也含有大量的 omega-6 和 omega-9」，首

先，我們人體是可以自己合成 omega-9，所以並不需要從食物攝取。再來，我們現代人的食物含有過多的 omega-6，以至於造成 omega-3 和 omega-6 之間的失衡，從而導致許多健康上的問題。所以，**醫學界及營養學界都是建議要減少 omega-6 的攝取。所以，就 omega-6 而言，含量越高的油品（例如印加果油）是越不健康的。**

　　最後，有關印加果油的瘦身功效，我搜查了公共醫學圖書館 PubMed，沒有看到有任何這方面的研究。縱然是有遠遠更多研究報告的亞麻籽油（至少十倍），也是沒有這方面的明確證據。綜上所述，美魔見證印加果油的唯一目的，就是要揩你的油。

亞麻籽油比魚油好？

　　有讀者留言問我：有人說亞麻籽油比魚油好。真的是這樣嗎？

　　有關比較亞麻籽油和魚油的資訊，網路上多得不勝枚舉。但是，我看過幾個之後，只能搖頭嘆氣，這真是個騙子橫行的世界，怎麼有人能這麼厲害，編出各種似是而非，指鹿為馬的故事。因為假資訊太多太亂，一個個揪出來做分析與批評，實

在是不可能。我所能做的，也是不要讓讀者也陷入泥沼的，就是只講真正科學研究所得到的結論。

我們先來複習一下，亞麻籽油和魚油為什麼對人類健康有益？因為它們含有 Omega-3 脂肪酸。Omega-3 脂肪酸分成 ALA、EPA 和 DHA 三種，碳鏈長度分別是 18、20 和 22。ALA 是源自植物，像亞麻籽、芥菜籽、黃豆和海藻。動物吃了 ALA 之後，會轉化為 EPA，再把 EPA 轉化為 DHA。對人類而言，ALA 本身並無促進健康的作用。EPA 和 DHA，尤其是 DHA，則對促進人類健康至關重要。但是，人類把 ALA 轉化成 EPA 的能力是非常有限。而再進一步轉化成 DHA，就更不用說了。更糟糕的是，這兩個轉化能力，都隨著年齡而變差。所以，如果想要達到健康的需要量，我們就得吃富含 EPA 和 DHA 的魚或魚油補充劑。

有關上面所說，讀者如有疑問或想進一步了解，可以到一個叫做 DHA-EPA Omega-3 Institute 的網站查詢[8]。我想，讀者應該可以看得出，這個機構是專門從事 Omega-3 的研究和教育。我當然也查看了其他科學資料。只不過因為這些資料所提供的信息，大致上都與上面所述雷同，所以就讓讀者們省點眼力吧。

補充說明，這個網頁所列舉的參考文獻裡，最新的是發表於 2005 年。所以在這裡，我提供一篇 2016 年發表的總匯文章

[9]。因為這篇文章是需要付錢才能下載的，所以再提供一篇 2017 年 1 月發表的網路文章[10]。從這些新的資料裡可以看到，是有研究表明，素食者可能比較能夠轉化 ALA。但是，到目前為止，沒有任何科學證據顯示，人類有能力轉化 ALA 成為足夠的（對健康有益的量）EPA 和 DHA。

雖然網路上有文章說，人類有能力轉化 ALA 成為足夠的 EPA 和 DHA。但是，這些文章都是出自素食網站或植物性油廣告，裡面所聲稱的科學根據，都是用老鼠做實驗的。但是，雖然老鼠的確是有能力轉化 ALA 成為足夠的 EPA 和 DHA，人類卻沒有。

所以，**只有兩個方法可以讓人類攝取到足夠的 EPA 和 DHA：第一，吃高油脂的海魚，如鮭魚。第二，吃魚油補充劑。**而我也在《餐桌上的偽科學》第 142 頁所提過魚油補充劑的疑慮和如何避開高含汞又能攝取足夠 Omega-3 的幾種魚類（鮭魚、鯖魚、沙丁魚及鯡魚），有興趣的讀者也可以回去複習一下。

補充說明，本文發表後讀者葉秀蓉留言：「教授，是不是所有植物油像亞麻籽油、印加果油、橄欖油的 OMEGA 3 都是 ALA 型態？對於人類沒有健康促進的效益？」我的回答是：「來自植物的 Omega-3 都是 ALA，所以如果只談 Omega-3 對健康的

好處，那植物油就都只有一點點，甚至完全沒有。但是，植物油還是含有其他對健康有益的成分。」

 林教授的科學養生筆記

1. 目前中鏈脂對於健康的研究，結論都是不確定，所以 MCT 油的好處，也是不確定的

2. 亞麻籽油才是 omega-3 之王，53.4%，印加果油則含 42.4% 的 omega-3

3. 人體可以自己合成 omega-9，所以不需要從食物攝取

4. 現代人的食物含有過多的 omega-6，就 omega-6 而言，含量越高的油品（例如印加果油）是越不健康的

5. 印加果油的整體 omega-3 含量是魚油的兩倍，但「對人體健康有益的 omega-3」，印加果油的含量卻只有魚油的十分之一，甚至是不到百分之一

6. 只有兩個方法可以讓人類攝取到足夠的 EPA 和 DHA，分別是吃高油脂的海魚（如鮭魚）和吃魚油補充劑

鹽，趣事與謠言

＃食鹽、海鹽、猶太鹽、喜馬拉雅鹽、碘

2020 年 10 月 24 號，我在加拿大麥基爾大學（McGill University）的網站看到一篇剛發表的文章，標題是「食鹽、猶太鹽、海鹽、喜馬拉雅鹽。 我應該買哪一個？」[1]。這篇文章寫到很多跟鹽有關的趣事，我覺得很值得跟讀者分享。但本篇並非純粹英翻中，也加入很多我個人的意見。以下，就是這篇半翻譯，半自創的文章。

鹽的歷史與種類

鹽是我們祖先使用的第一個調味料，取得的方法是將海水蒸發或從鹽礦開採。事實上，由於鹽礦是海洋變成陸地之後而形成的，因此，所有的鹽其實都是「海鹽」。早在公元前 6500 年，人類就在奧地利的薩爾茨堡（Salzburg）附近開採鹽礦。

Salzburg 這個字是由 Salz（鹽）和 burg（城堡）組成的，所以 Salzburg 的意思就是「鹽城」。但是，一提起薩爾茨堡，大多數人立刻會想到的應該是莫扎特，而不是鹽，至少我是如此。

古羅馬人在海邊建造大型蒸發池來收集鹽，由於鹽當時非常珍貴，所以士兵獲得一種叫做 Salarium 的特殊津貼來購買鹽。Salarium 這個字是由「鹽」（Sal）和「票券」（arium）組成的，Salarium 的意思就是「鹽票」，這也是「薪水」（Salary）這個字的來源。

美國食物裡有一種叫做「鹹牛肉」（corned beef）的生牛肉，有點像台灣的鹹豬肉，都是用鹽來保持肉的新鮮（延長可食的期限）。可是，我在美國住了四十一年，還是搞不懂為什麼會叫做 corned beef，畢竟 corn 是玉米，而這種肉是我再怎麼看（吃）也跟玉米扯不上關係。看了麥基爾大學網站的那篇文章才知道，原來 Corn 在這裡的意思並不是玉米，而是「顆粒」。Corned beef 是用大顆粒的鹽（即粗鹽）抹在生牛肉上而製成的，所以翻譯是「鹹牛肉」，而不是「玉米牛肉」。

不管是食鹽、猶太鹽（kosher salt）、海鹽還是喜馬拉雅鹽，都至少含有 98％氯化鈉的物質，這些鹽的差別在於結晶的大小和形狀，以及所含的微量雜質。海鹽是蒸發海水而製成的，食鹽是從世界各地開採的鹽提煉而成的，喜馬拉雅鹽是在巴基斯

坦的旁遮普（Punjab）地區開採來的，而猶太鹽可以是來自海水或鹽礦。

傳統上，猶太人的食物，即所謂的 kosher food，是必須遵循猶太教的教規來處理，而其中一條（Leviticus 7:26）的規定是「你不得在任何住所中食用任何血液，無論是禽類的血液，還是獸類的血液」。所以，猶太人就用大顆粒的鹽來達到吸乾肉裡血液的目的。也就是說，所謂的 kosher salt，其實就只是再普通不過的粗鹽。但由於 kosher 這個字給人的感覺帶有神聖、高尚、衛生，腦筋動得快的人就創造出 kosher salt 這個詞來達到賺錢的目的。

「喜馬拉雅鹽」則因為含有微量的鉀、矽、磷、釩和鐵，所以會呈現出粉紅色。而就因為這個所謂的「天然」顏色，它就被有心人士吹捧為含有儲存的陽光，可以去除肺部的痰、清除鼻竇充血、預防靜脈曲張、穩定心律不齊、調節血壓、平衡腦細胞中過多的酸……等等。既然有這麼多了不起的功效，喜馬拉雅鹽的價格當然也就不能被看扁——大約是食鹽的二十倍。

我在 2019 年 7 月，發表了一篇「非基改鹽」，談到一款名為 HIMALANIA Rock Pink Salt 的「岩鹽」。HIMALANIA 這個字很顯然是 HIMALAYAN 的誤拼，但也有可能是標新立異的品牌名。不管如何，這的的確確就是「喜馬拉雅鹽」，而更有趣的

是，它在標籤上註明「非基因改造」（NON-GMO）。也就是說，這種鹽是有基因的，是可以傳宗接代的，說不定還能交配做愛呢。

我在 2019 年 5 月發表過「氧化還原信號分子，直銷鹽水」這篇文章（收錄於《餐桌上的偽科學 2》269 頁），談到一款要價不菲，但卻在台灣大賣特賣的高檔鹽水。這篇文章已經累積了將近五萬個點擊，現在每天都還是有一、兩百個點擊。更有趣的是有一大堆這款產品的直銷騙子常來嗆聲踢館，大大提升這篇文章的點擊率，我真的感謝他們對我個人網站所做的貢獻。不管如何，這款產品也是有特別註明「非基因改造」。也就是說，它那罐子裡的鹽水也是有基因可以傳宗接代的，甚至交配做愛呢。

這篇麥基爾大學的文章最後說：鹽就是鹽，無論在營養或健康的觀點上，食鹽、猶太鹽、海鹽還是喜馬拉雅鹽，都是毫無區別的。不過，有一點不同的是，大多數的食鹽有添加「碘」，用來預防甲狀腺肥大，關於這點，請看下一段。

食鹽加碘，滅華工程？

在 2018 年 8 月，讀者 Tao 寄來電郵：「請問教授關於食鹽

加碘的看法？是否如同其他膳食補充劑一樣毫無作用，還可能有害？謝謝。」

　　我第一時間的反應是：怎麼還有人在擔心食鹽加碘？本想立刻簡單回覆這位讀者，但還是決定上網稍微看一下。結果，這個「稍微」竟然演變成一星期的沉迷，而「簡單回覆」恐怕要演變成寫一本書。

　　我先解釋為什麼食鹽要加碘。有個俗稱「大脖子」的病，是由於甲狀腺腫大而使得脖子變粗。而甲狀腺之所以會腫大，有一個很重要的原因是「碘不足」。所以，為了能有效又全面性地解決「碘不足」的問題，瑞士在 1922 年施行食鹽加碘。而由於其成效卓著，其他國家也陸續跟進。目前，「食鹽加碘」是世界衛生組織（WHO）所提供的指南之一 [2]。可是，偏偏就是有人認為「食鹽加碘」對健康有害。尤其是一位叫做「慕盛學」的北京人士，就發表了數百篇文章，譴責中國政府的「食鹽加碘」政策 [3]。

　　所以，您現在可以理解，為什麼我會「沉迷」這個議題一個禮拜了吧。但是，儘管沉迷一個禮拜來看此人的文章，最後還是只看了不到十分之一。不過還好，這已經足夠讓我了解他的訴求。所以，下面我就針對其中的三項來討論：

問題一：美國使用的是碘化鉀，卻向中國推薦使用「在美國被禁用、有毒的」的碘酸鉀？

答：首先，由於碘會快速昇華（從固體直接變成氣體），所以，它通常是以碘化鉀或碘酸鉀的形態被添加到食鹽。碘化鉀在高溫或潮濕的環境裡，很快就會被分解而失去碘。所以，食鹽添加碘化鉀必須使用穩定劑，也需要較先進的製鹽技術（例如乾燥度及純度）。反過來說，碘酸鉀很穩定，所以，它是熱帶地區或製鹽技術較落後國家的首選。（補充：在這世界上，不論是以國家數量而言，還是以人口數量而言，使用碘酸鉀的都高過碘化鉀。除了中國外，印度、印尼、澳大利亞、德國也都是使用碘酸鉀）

在美國，碘化鉀和碘酸鉀都是被定位為「通常被認為是安全的」（Generally Recognized As Safe, GRAS）。所以，所謂的「碘酸鉀在美國被禁用」，當然是與事實不符[4]。還有，上面提到的那份世界衛生組織指南也非常明確地表明，碘化鉀和碘酸鉀都可以被用於食鹽加碘。而由於這份指南是發表於 2014 年，也就是陳馮富珍女士帶領世界衛生組織的時候，所以，難道這位華人之光也是「滅華工程 I3050」的推手？

問題二：食鹽加碘會增加甲狀腺癌罹患率？

　　答：有關這個問題，最新及最詳盡的科學資訊是兩篇在 2015 年發表的綜述論文。第一篇的標題是「缺乏碘與甲狀腺失調」[5]，結論是「沒有強有力的證據表明碘攝入量的增加會增加甲狀腺癌的風險」。第二篇的標題是「碘攝取做為甲狀腺癌的風險因子：一個動物和人類研究的回顧」[6]，結論是「現有證據表明碘缺乏是甲狀腺癌的危險因素」，也就是說，缺碘才是甲狀腺癌的危險因素。

　　問題三：食鹽加碘會增加男性不孕率？

　　答：這方面的研究不多。我能夠確認的論文共只有七篇。其中，五篇是用老鼠做實驗，一篇是用雞做實驗，剩下兩篇則是人的調查。全部六篇動物實驗都發現過量的碘會影響精子的質或量，而兩篇人的調查也認為食鹽加碘可能與男性不孕率上升有關。但是，請注意，這些實驗或調查都沒有特別去區分是碘化鉀或碘酸鉀。這當然和網路文章所特別強調的「碘酸鉀」有所不同。

　　綜上所述，食鹽加碘，不管加的是「碘化鉀」或「碘酸鉀」，大致上都算是安全的。比較值得擔心的也許就是男性不孕的風險。但是，由於在人體上還不知道什麼叫做過量，所以，

取捨上有實際的困難。在美國和台灣，都沒有強制食鹽要加碘。所以，您是可以選擇食用無碘鹽。只不過在這種情況下，您可能就需要多吃些含碘較高的食物，如魚蝦、海帶等等。

 林教授的科學養生筆記

1. 鹽就是鹽，無論在營養或健康的觀點上，食鹽、猶太鹽、海鹽還是喜馬拉雅鹽，都是毫無區別的

2. 食鹽要加碘是為了預防甲狀腺腫大，不管加的是碘化鉀或碘酸鉀，大致上都算是安全的。目前，食鹽加碘是 WHO 所提供的指南之一

3. 在美國和台灣，都沒有強制食鹽要加碘。在這種情況下，可能就需要多吃些含碘較高的食物，如魚蝦、海帶等等

Part **2**
新冠肺炎謠言區

維他命補充劑、精油、次氯酸水……新冠肺炎的謠言百百種,一起跟著林教授讀論文,了解科學根據到底有多少

老藥新用，瑞德西韋與奎寧的分析

#專利、可體松、羥氯喹

2020 年初，新冠肺炎爆發之始，世界各大藥廠紛紛將一大堆本來要研發來抗愛滋、瘧疾、流感的陳年老藥翻出來做試驗。在這種病急亂投藥的情況下，瑞德西韋（Remdesivir）與奎寧（羥氯喹）這兩種老藥開始受到媒體吹捧，不過這兩種藥後來的成效卻是大不相同。瑞德西韋被證實可以將重症患者的住院天數從十五天縮減至十一天；但奎寧卻在 2020 年 6 月被美國 FDA 宣布取消用於治療新冠肺炎的緊急使用授權，因為不但無效，反而會引發心律不整，造成死亡。我在自己的網站也寫了很多篇文章分析這兩種藥物的傳言，以下就是對於這兩種藥物的整合報告（截至 2021 年 4 月 7 號）。

補充說明：目前有三種證實可以緩解新冠肺炎的藥物，分別是：1. 瑞德西韋，可以抑制病毒繁殖；2. 可體松，可以壓制過度的炎症反應；3. 抗體，可以中和病毒。此一「雞尾酒」療

法有被用來治療川普總統。

瑞德西韋效果分析

2020 年 6 月 29 號，全美各大媒體都在報導吉利德科學公司（Gilead Sciences）終於給瑞德西韋定價了：一個五天的療程收費是 2,340 或 3,120 美元。2,340 美元是向全世界各國政府收費的價格（由政府買單），而 3,120 美元則是向美國私人保險公司收費的價格。

瑞德西韋是當時唯一有證據顯示對新冠肺炎有療效的藥，儘管這個療效也只不過就是能將重症患者的住院天數從十五天縮減至十一天。吉利德科學公司的執行長在宣布瑞德西韋的訂價時說，這個價位是遠低於瑞德西韋的真正價值，而之所以會訂這麼一個超低的價位，是將「廣泛且公平的獲取」置於公司利潤之上。您說，是不是有夠佛心？

不管瑞德西韋的價位是過低、合理還是過高，這個定價的行動都完全證實了我在五個月前所做的一個預言，那就是「最大的贏家就是吉利德」。五個月前，中國和台灣的媒體和網民都曾陷入一波「蛇與農夫」的狂潮。他們說，吉利德公司是多麼好心地把瑞德西韋免費送給中國來治療新冠肺炎，但是中國竟

然恩將仇報，把人家免費贈送的東西拿去申請專利，反過來打擊吉利德公司。

　　我在親眼目睹這波狂潮時，真的是哭笑不得。網民無知也還說得過去，但是電視節目裡那些專家名嘴，就真的是應該各打五十大板。瑞德西韋是為了伊波拉病毒研發的，但因療效不如另外兩個競品，早就宣告失敗。可是由於冠狀病毒的繁殖機制很像伊波拉病毒，所以吉利德公司就想要將其開發成冠狀病毒的新藥。在實驗室裡，瑞德西韋的確顯現它是有抑制冠狀病毒的作用，但是，在沒有病患來做臨床試驗的情況下，瑞德西韋仍然是一文不值。

　　誰知天賜良機，武漢肺炎在中國爆發，瑞德西韋總算有機會一展身手了。吉利德公司派了飛船火速將瑞德西韋送到中國，中國也立刻在國內申請了一個「應用專利」，所以網民、專家、名嘴紛紛跳出來痛罵中國無恥、沒良心等等。我就寫了一篇文章解釋，標題是「唉！專利這件事：武漢病毒」。我說：第一、吉利德擁有瑞德西韋全球性的專利，當然也涵蓋了中國申請的這個應用專利。第二、一個藥的研發，最困難，也最花費的階段就是第三期臨床試驗。如今，有人自願幫你做第三期臨床試驗，你會不會恨不得用飛的把藥送到他門口？我在這篇文章的最後一句裡說「最大的贏家就是吉利德」。如今，原本一文

不值的藥，2020 年的銷售額預估會是 5.25 億美元，而明年則預估為 21 億美元 [1]。我五個月前的預言有夠神準吧。

浪費五千萬的「奎寧國家隊」

2021 年 4 月 3 號，好友用 LINE 寄來一篇聯合新聞網的當天新聞。我看了之後感慨萬千：「如果當初台灣政府有看到我發表的文章，並且接受我的忠告，就不會平白損失五千萬了。」這篇新聞的標題是：「史上首次！食藥署砸千萬搶奎寧失策，免費配送藥局銷庫存」，文章第一段是：

全台六千六百多家社區藥局，近期陸續收到食藥署免費配送一罐共一千顆的奎寧。原來是去年傳出奎寧可治療新冠肺炎後，衛福部憂心全球斷貨，花費千萬元採購奎寧，但後來奎寧被移出新肺炎治療指引，避免公帑隨效期跟著報廢，食藥署決議免費將採購奎寧送給社區藥局。食藥署藥品組研究員洪秀勳指出，「這應該是史上第一次免費送藥給醫療院所及藥局」。

我是在 2020 年 3 月 26 號，首次發表有關奎寧的文章，標題是「新冠神藥，群魔亂舞」。我指出，美國有很多醫生和藥劑

師因為盲目相信一項初步的臨床研究而大量囤積奎寧。我也指出，台灣主流媒體都在報導兩位天真無邪的醫生在臉書發表的文章，說什麼「奎寧的數據好到不可思議！」、「人類將吹起反攻病毒的號角」。補充說明：可憐的事實是，所謂的「數據好到不可思議！」，也只不過就是區區六個接受「奎寧＋日舒」治療的新冠病患。

我在 2020 年 4 月 6 號發表第二篇有關奎寧的文章，標題是「鄉巴家醫蛻變國際神醫」。我指出，有一位紐約州的醫生弗拉基米爾・澤連科（Vladimir Zelenko）聲稱他用奎寧治癒了數百位新冠肺炎患者，但事實上他只不過是一位毫無研究經驗的家庭醫生，而他所服務的地區是一個全美國最窮（七成的人生活在貧窮線下）、最落後的鄉村（六成的人沒有高中學歷），更重要的是，他所聲稱的療效全都只是他個人的自吹自擂，毫無信譽可言。也就是說，早在 2020 年 4 月 6 號之前，我就已經提出警告，指出奎寧的療效是被過度誇大渲染，而《元氣網》也有立即轉載我的文章。可是，台灣政府卻採納了那些誇大不實的資訊，進而在兩天後成立了所謂的「國家奎寧製藥隊」。

第三篇有關奎寧的文章是在 2020 年 4 月 22 號發表，標題是「新冠神藥，吹捧的結果」。我引用了三篇研究論文，指出奎寧非但無法治療新冠肺炎，反而還會增加死亡率。我在這篇文

章的結尾說：「最後的最後，我奉勸那些囤積奎寧的醫生，趁現在知道的人還不多，趕快脫手。要不然再晚點，恐怕就要當維他命自己吃了」。

兩天後，我發表第四篇有關奎寧的文章，標題是「新冠神藥奎寧的始作俑者」。我提供了許多證據，指出那位引發全球奎寧狂熱的法國醫生迪迪埃·拉烏爾特（Dr. Didier Raoult）是有爭議性的。我同時也指出，一個月前的 2020 年 3 月 22 號，台灣各大媒體都在爭相報導有關奎寧治療新冠肺炎的驚人療效，但是儘管後來全球各大媒體都在報導奎寧非但無效，反而會增加死亡率，台灣各大媒體卻是噤若寒蟬。

我在 2020 年 5 月 2 號，發表第五篇有關奎寧的文章，標題是「新冠神藥，國家奎寧製藥隊」。我指出，一位台灣食藥署的主管和一位奎寧製藥廠的經理在接受媒體訪問時還在為「國家奎寧製藥隊」的錯誤政策做辯護。

如今，從「國家奎寧製藥隊」在 2020 年 4 月 8 號成立到現在，差不多快一年，我的預言和警告「趁現在知道的奎寧無效的人還不多，趕快脫手。要不然再晚點，恐怕就要當維他命自己吃了」，果然成真。

林教授的科學養生筆記

1. 瑞德西韋的療效是能將重症患者的住院天數從十五天縮減至十一天。目前可以緩解新冠肺炎症狀的藥劑除了瑞德西韋，還有可體松和抗體

2. 奎寧在 2020 年 6 月被美國 FDA 宣布取消用於治療新冠肺炎的緊急使用授權，因為不但無效，反而會引發心律不整，造成死亡

維他命補充劑抗新冠，真的嗎？

維他命 D、維他命 C、鋅、免疫力

在 2020 年一開始，新冠肺炎就改變了我們熟悉的世界，當然，關於 COVID19 的謠言也多如牛毛。我的個人網站「科學的養生保健」也收到了非常多的詢問。以下幾篇就是我針對新冠肺炎重大謠言的澄清。

鋅、維他命 C、D，能治療新冠肺炎嗎？

《美國醫學會期刊》（JAMA）在 2021 年 2 月 12 號發表兩篇有關用補充劑治療新冠肺炎的論文。一篇是臨床研究，另一篇是 JAMA 邀請的專家評論。那篇臨床研究論文的標題是「大劑量鋅和抗壞血酸的補充相對於常規護理對新冠病毒感染時症狀長度和減輕的影響」[1]，結論是：服用高劑量的鋅和抗壞血酸（也就是維他命 C）對新冠肺炎患者非但無益，反而有害，例

如會引發噁心、腹瀉和胃痙攣。

那篇專家評論的標題是「治療輕度 COVID-19 的補充劑 – 從 A 到 Z 用科學挑戰健康信仰」[2]。這個標題裡的 A to Z 是有特殊含義的。首先，由於 A 是英文字母順序的第一個，而 Z 是最後一個，所以 A to Z 有「涵蓋一切」的意思。再來，由於維他命 C 也叫做「抗壞血酸」（Ascorbic Acid），鋅的英文是 Zinc，所以 A to Z 就有「涵蓋一切補充劑」的意思。也就是說，儘管那個臨床研究只是針對維他命 C 和鋅，但得到的結論卻是可以涵蓋所有的補充劑。總而言之，「從 A 到 Z 用科學挑戰健康信仰」的意思就是，用科學來挑戰「補充劑對健康有益」的信仰。撰寫這篇評論的兩位專家分別是約翰斯霍普金斯大學的艾琳・麥可斯（Erin Michos）醫生和休士頓心血管中心的馬吉爾・凱宙斯 - 阿奇里卡（Miguel Cainzos-Achirica）醫生。他們說：

據估計，全球補充劑產業的價值約為 3,000 億美元。儘管幾乎沒有證據可以支持它們有功效，但半數以上的美國成年人至少服用一種維他命或補充劑。

觀察性的研究往往是與高品質臨床研究的最終發現脫節，而使用補充劑來治療新冠肺炎就是一個例子。有人建議使用補充劑，例如鋅和維他命 C 來增強免疫力，從而減少病毒感染的

持續時間和嚴重程度。據報導，甚至美國前總統川普在 2020 年 10 月感染新冠病毒期間也接受鋅和維他命 D 的治療。

在一些觀察性研究中，低維他命 D 水平與多種不良健康後果是有相關性，所以建議增加維他命 D 的攝取似乎令人信服。但是，隨後的維他命 D 補充劑臨床研究總是以失敗告終，即使是在維他命 D 基線水平較低的人中也是如此。過去報導的維他命 D 與心血管疾病的關聯性可能是其他風險和健康因素引起的，而其他多種維他命和礦物質補充劑也是如此。但是，觀察和試驗證據不一致，而補充劑使用者的其他尋求健康的行為特徵可能會混淆觀察性研究。

事實上，我在自己網站 2021 年 1 月 24 號發表的文章，標題是「缺乏維他命 D 得新冠的機率會上升，預後也較差？」中就寫過，很多「血中維他命 D 濃度與新冠肺炎」的臨床研究是由保健品業者或健檢業者資助的，所以都會得到類似「缺乏維他命 D 得新冠肺炎的機率會上升」這樣的結論。但是，隨後的「服用維他命 D 補充劑與新冠肺炎」的臨床研究卻都是得到類似「服用維他命 D 補充劑不會降低得新冠肺炎的機率」這樣的結論。這就是為什麼這篇專家評論的標題會說「從 A 到 Z 用科學挑戰健康信仰」，而此文的結論是：信仰是一回事，科學證據

卻是另一回事。

另外，我也發表過十幾篇關於用鋅、維他命 C、維他命 D 來預防或治療新冠肺炎的文章，例如：「鋅錠劑能預防新冠病毒？」、「鄉巴家醫蛻變國際神醫」、「抗武漢肺炎，大量吃維他命 C？」「維他命 D 抗新冠，一張嘴巴兩個洞」，有興趣的讀者，也可以去我的網站「科學的養生保健」閱讀。

維他命 D 治新冠：不同疾病，相同答案

《美國醫學會期刊》（JAMA）在 2021 年 2 月 17 號，發表兩篇有關用維他命 D 治療新冠肺炎的論文。一篇是臨床研究，另一篇是 JAMA 期刊的編輯評論。那篇臨床研究論文的標題是「一次大劑量維他命 D3 對中度至重度 COVID-19 患者住院時間的影響」[3]。那篇編輯評論的標題是「維他命 D3 治療 COVID-19：不同疾病，相同答案」[4]。

那項臨床試驗將 240 名新冠肺炎患者隨機分配成兩組，一組吃安慰劑，另一組吃 20 萬單位的維他命 D3。吃安慰劑那一組的血液維他命 D 濃度維持在 20 左右，而吃維他命 D 的那一組則從 20 左右上升至 44 左右。但是，儘管這兩組的維他命 D 水平有如此大的差別，它們在下面這些項目中卻都沒有差別，

包括：一、住院長度；二、住院期間死亡率；三，轉入重症加護病房的人數；以及四、需要使用機械呼吸器的人數。所以，這篇論文的結論是，不支持使用大劑量的維他命 D3 來治療中度至重度新冠肺炎患者。

那篇編輯評論大致上是這麼說：「大量的研究發現低維他命 D 血液濃度與多種疾病（包括新冠肺炎）有相關性，所以有很多醫生和醫學專家對於使用維他命 D 來預防或治療各種疾病感到興奮不已。但是，一而再再二三，無數的實驗卻發現服用維他命 D 補充劑並無法預防或治療任何疾病。由於過去有很多研究發現維他命 D 具有抗病毒，抗發炎的作用，所以自從新冠疫情爆發後，又有很多醫生和醫學專家再度對於使用維他命 D 補充劑來預防或治療新冠肺炎，感到興致勃勃。但是，這次的臨床試驗又再度顯示服用維他命 D 補充劑並不會改善新冠肺炎的病情。」這就是為什麼這篇編輯評論會用「不同疾病，相同答案」這樣的標題。

補充一：在「鋅、維他命 C、D，能治療新冠肺炎嗎」這篇文章中，我已經指出最新的研究發現鋅和維他命 C 補充劑都不會改善新冠肺炎的病情，而稍前使用其他補充劑的研究也都是以失敗收場。

補充二：儘管有一大堆研究報告和天花亂墜的傳言，目前

唯一證實可以預防新冠肺炎的藥劑是疫苗，而可以緩解新冠肺炎症狀的藥劑則是瑞德西韋、可體松和抗體。

　　後記：加拿大麥基爾大學專門提供健康資訊和打擊偽科學的網站「科學與社會辦公室」（Office for Science and Society）在 2021 年 3 月 16 號發表了一篇由克利斯多福‧拉波斯醫生（Christopher Labos）撰寫的文章，標題是「維他命 D 和新冠肺炎的真相」[5]。此文有一個小標這麼寫：經常被忽視的最重要事實是，這些補充劑已經被研究過，並且沒有作用。

 林教授的科學養生筆記

1. 大量研究發現低維他命 D 血液濃度與多種疾病（包括新冠肺炎）有相關性，所以有很多醫生和醫學專家對於使用維他命 D 來預防或治療各種疾病感到興奮不已。但是，一而再再二三，無數的實驗卻發現服用維他命 D 補充劑並無法預防或治療任何疾病

2. 目前唯一證實可以預防新冠肺炎的藥劑是疫苗，而可以緩解新冠肺炎症狀的藥劑則是瑞德西韋、可體松和抗體。

2-3

新冠疫苗，基礎知識與優劣分析

\# DNA、RNA、滅活疫苗、滅活疫苗、基因改造

讀者 Alex Shan 在 2020 年 10 月來信詢問：「林教授您好，美國的 Covid-19 疫情近期有增加的趨勢，疫苗的研發也是眾所關注。目前的兩大疫苗使用的製成，分別是中國大陸的 DNA 疫苗和歐美（Moderna/Pfizer/AstraZeneca）的 m-RNA 疫苗。前者是使用多年的技術，但由於是在中國大陸研發，西方媒體多持負面的看法。後者是近十年研發的新技術，但還未曾使用在大規模的疫苗製作和注射。由於美中近年在各領域的對抗和批評，至今沒有看到在科學基礎上的理性比較。可否請專業分析兩者的優劣？祝平安。」

DNA、RNA 疫苗，孰優孰劣？

我看到信之後左思右想，一時決定不了，所以就先回覆：

「要寫得讓大多數人看得懂，可能不容易，但我會試試看。」疫苗的理論基礎與製作方法，對普羅大眾本來就很難理解。現在再加入 DNA 和 RNA 之後，那可能是對牛彈琴了。不過，我最後還是決定試一試，看看能不能把莫扎特的〈小星星變奏曲〉彈成兒歌〈小星星〉，一閃一閃亮晶晶。

傳統的病毒疫苗可分為兩種：「滅活疫苗」（Inactivated vaccine）和「減毒疫苗」（Attenuated vaccine）。滅活疫苗是用化學、熱或輻射把病毒殺死之後而產生的，例如流感疫苗。減毒疫苗則是用細胞培養來削弱病毒的致病性而產生的，例如麻疹疫苗。

DNA 和 RNA 疫苗大約在三十年前才開始發展，是針對病毒的某一特定蛋白而製作的，而就冠狀病毒而言，此一特定蛋白通常就是它的「刺突蛋白」（spike protein）。我們可以利用基因工程的技術將刺突蛋白的基因複製成 DNA 或 RNA，然後再將其與「載體」（vector）結合之後，製作成疫苗。

傳統疫苗在注射進入人體之後就會刺激免疫系統來產生抗體。但 DNA 和 RNA 疫苗則必須先進入細胞，將其代表的蛋白「表達」（express）出來。如果是 RNA，就需要通過「翻譯」（translation）將蛋白表達出來，DNA 則先要「轉錄」（transcribe）成 RNA，再透過「翻譯」將蛋白表達出來。這

個表達出來的蛋白，才會刺激我們的免疫系統產生抗體。就冠狀病毒而言，這個表達出來的蛋白就是刺突蛋白，身體所產生的抗體就能防止冠狀病毒利用刺突蛋白來侵入細胞。

雖然 DNA 需要通過轉錄及翻譯這兩道程序才能將蛋白「表達」出來，但由於 DNA 的穩定性比 RNA 高，也比較容易操作，所以 DNA 疫苗和 RNA 疫苗是各有優劣，也並駕齊驅地在各自發展。目前全世界有超過一百款新冠疫苗在研發，而其中有兩款已正式在人體使用，另外有七款正在做第三期臨床試驗。兩款已正式在人體使用的疫苗分別是中國「康希諾生物公司」（CanSinoBIO）的 Ad5-nCoV 和俄國的 Sputnik V，兩者都是 DNA 疫苗。這七款正在做第三期臨床試驗的疫苗分別是：

1. 美國嬌生公司（Johnson and Johnson）的 Ad26.COV2-S，屬 DNA 疫苗
2. 瑞典阿斯特捷利康（AstraZeneca）公司的 AZD1222，屬 DNA 疫苗
3. 中國武漢病毒研究所的「新冠」（New Crown），屬滅活疫苗
4. 中國科興生物技術公司（Sinovac Biotech）的 CoronaVac，屬滅活疫苗
5. 美國輝瑞製藥公司（Pfizer）的 BNT162b2，屬 RNA 疫苗

6. 美國莫德納公司（Moderna）的 mRNA-1273，屬 RNA 疫苗

7. 美國 Novavax 公司的 NVX-CoV2373，屬刺突蛋白疫苗。

　　所以，讀者 Alex Shan 所說的「中國大陸的 DNA 疫苗和歐美的 m-RNA 疫苗」，並不完全正確。至於另外一句「但由於是在中國大陸研發，西方媒體多持負面的看法」，我個人認為這是因為大家對中國控管方面的擔憂，而不是因為中國所開發的是 DNA 疫苗。事實上，美國媒體對俄國的疫苗也都是持負面的看法，而原因也都是在控管方面的擔憂。

　　所以我個人認為，就效力而言，目前還看不出到底 DNA 疫苗還是 RNA 疫苗較好。但可以確定的是，有一個優缺點已漸漸浮出檯面，那就是「疫苗保存溫度」。前面講過，DNA 的穩定性較高，所以 DNA 疫苗通常只需要用一般的冰箱（攝氏 4 到 8 度）來保存。Moderna 公司的 RNA 疫苗是需要保存在零下 20 度，而輝瑞公司的 RNA 疫苗則更誇張地需要保存在零下 70 度。如何在運送的過程以及在各個定點（例如診所）維持這樣超低的溫度將會是極大的挑戰。美國的媒體已經用「令人震驚或難以置信」（mind boggling）來形容這樣的挑戰。

新冠疫苗條件，優劣分析

2020 年 11 月底的時候，已經有五款新冠疫苗發布新聞聲稱自身有效。其中有兩款分屬俄國和中國製造，由於可能會有國家介入誇大效率及安全性的疑慮，所以我就先不在本文討論這兩款。剩下的三款，根據新聞發布的先後，分別是由這三個團隊研發出來的：1. 美國的 Pfizer 公司／德國的 BioNTech 公司；2. 美國的 Moderna 公司；3. 英國的 AstraZeneca 公司／英國的牛津大學。為求簡單明瞭，我會把這三款疫苗分別稱之為 Pfizer、Moderna 和 AstraZeneca，請看下面的圖表以及說明：

	Pfizer	Moderna	AstraZeneca
技術	RNA	RNA	DNA
效率	95%	95%	62% 或 90%
貯存溫度	攝氏零下 70 度	攝氏零下 20 度	攝氏 2 至 8 度
保質期	5 天	一個月	6 個月
價格	美金 19.50 元	美金 32 到 37 元	美金 3 到 4 元
牟利	是	是	否
供應量	5 千萬劑	2 千萬劑	2 億劑

　　技術：Pfizer 和 Moderna 都是採用 RNA 技術，這將會是有史以來首次上市的 RNA 疫苗。這種技術的概念大約在三十年前出現，在經過無數的改良之後，如今總算揚眉吐氣，一鳴驚人。AstraZeneca 是 DNA 疫苗，這也將是有史以來首次上市，人用的 DNA 疫苗。不管是 RNA 疫苗或是 DNA 疫苗，都是用基因改造技術做出來的，所以這又再次顯示基因改造技術對人類的貢獻。希望反對基因改造技術的人能因此而拋棄沒必要的意識形態。關於此議題，可以繼續看 130 頁。

　　效率：這三款疫苗都需要接種兩次，Pfizer 和 Moderna 的效率都是 95 ％。這樣的高效率應該是超乎所有專家的預料。AstraZeneca 的效率是 62% 或 90%。很有趣的是，當第一次打半劑，第二次打全劑，所得到的效率是 90%。但是當兩次都打全劑時，效率反而只有 62%。平均而言整體效率是 70%。

　　貯存溫度：我在上一段文章裡有說，RNA 很不穩定，DNA 則很穩定。RNA 的全名是「核糖核酸」（Ribonucleic acid），DNA 的全名是「去氧核糖核酸」（Deoxyribonucleic acid）。就是因為 DNA「去氧」（少了一個氧）使得它比較穩定。AstraZeneca 是 DNA 疫苗，所以可以放在一般冰箱貯存。反過來說，Pfizer 和 Moderna 都是 RNA 疫苗，都需要冷凍貯存。雖然這兩款都是 RNA 疫苗，但由於它們所使用的載體不同而需要在不同的溫

度貯存。Pfizer 是零下七十，Moderna 是零下二十。換句話說，Pfizer 的載體技術不如 Moderna。Pfizer 的超低溫需求將會在運送和貯存上帶來極大的挑戰。

保質期：保質期的英文是 Shelf-life，就 Pfizer 和 Moderna 而言，保質期是從貯存的冷凍冰箱取出來之後，放在一般冰箱裡（攝氏二到八度）還能維持效率的期限。Pfizer 在這方面又輸給了 Moderna。

價格：127 頁圖表所顯示的是每劑的價格，而這三款疫苗都是需要打兩次，所以實際的價格差別還需要乘以二。尤其是，如果 AstraZeneca 是第一次打半劑，第二次打全劑，那價格上的優勢還會再加大。

牟利：Pfizer 和 Moderna 都計劃從疫苗中獲利，而這是理所當然。AstraZeneca 則表示在這次的疫情結束後才會追求利潤。也就是說，它預期新冠疫苗的施打將會在未來成為一種常態。

供應量：圖表所顯示的是 2020 年底之前所能供應的劑量。由於 DNA 疫苗較容易製作，也較容易貯存，AstraZeneca 的在供應量上有非常明顯的優勢。

雖然 AstraZeneca 的效率不如 Pfizer 或 Moderna，但它的穩定性、價格和供應量都是遠遠勝過後兩者。從流行病學的角度來看，一個有 70% 效率的疫苗就能達到群體免疫，更何

況 AstraZeneca 還有可能達到 90% 的效率，所以我認為，在這三款疫苗裡，AstraZeneca 是最符合全球性（不分貧富）的需求。不過，請讀者注意，截至 2021 年 3 月，已經有許多施打 AstraZeneca 疫苗之後發生血栓，甚至死亡的案例。

快速做出新冠疫苗，歸功於基改技術

2020 年 11 月左右傳出了很多關於新冠疫苗的好消息，那就是輝瑞（Pfizer）和莫德納（Moderna）所研發的新冠疫苗都有 95% 的保護率。但是，讀者諸君知道這兩款疫苗，都是用基因改造技術做出來的嗎？傳統技術製造的疫苗通常需要十年才做得出來，但是基改技術可以一年就做出來。

美國有一個致力於提供正確醫療資訊的網站「美國科學與健康協會」（American Council on Science and Health），在 2020 年 11 月 17 號發表了一篇文章，標題是「新冠會終結反基改運動嗎？」[1] 此文最後一段是：

美國人最喜歡仇視大型企業，特別是大型製藥和農業公司。但是，當我們需要他們拯救我們時，我們便會跑去求助，他們通常也都會有求必應。但願這次的新疫苗會很成功，除了

終結冠狀病毒，也能終結反基改意識形態。換句話說，可以一次消滅兩種病毒。

沒錯，「反基改意識形態」的確是一種病毒，而且已經肆虐全球二十多年了。打從 1994 年美國 FDA 核准第一個用基因改造技術做成的農作物（番茄），反基改的聲浪就一年比一年大，儼然形成主流民意。但是，事實上，美國 FDA 核准的第一個用基因改造技術做出來的產品是許多糖尿病患賴以為生的胰島素（1982 年核准）。如今，基因改造技術又即將拯救全人類於水深火熱。那，反基改人士，您還要繼續反下去嗎？（我在《餐桌上的偽科學》72 頁，有詳細解說為何基改食物很安全）

我在前面列舉了七款正在做第三期臨床試驗的新冠疫苗，其中六款都是用基因改造技術做出來的。唯一一款用傳統技術做出來的新冠疫苗是來自中國武漢病毒研究所。所以，顯而易見，美國和台灣都只會採用基改技術做出來的新冠疫苗。那，反基改人士，您會願意為了您自己和家人的性命而放棄反基改的立場嗎？

林教授的科學養生筆記

1. RNA 很不穩定，DNA 則很穩定。RNA 的全名是「核糖核酸」，DNA 的全名是「去氧核糖核酸」。因為 DNA「去氧」（少了一個氧）使得它比較穩定

2. DNA 疫苗通常可以放在貯存一般的冰箱（攝氏 4 到 8 度），RNA 疫苗則需要超低溫冷凍貯存

3. 從流行病學的角度來看，一個有 70% 效率的疫苗就能達到群體免疫

2-4 精油防疫的誤解與真相

流感、芳香療法、茶樹精油、尤加利、蒸氣

讀者 0952dc 在 2020 年 2 月 8 號來信詢問：「教授你好，請問關於精油對抗感冒或流感等上呼吸道病菌，目前是否有實驗是直接將瓶子拿到鼻子吸入？另外滴於衛生紙上使之味道自然蒸發於房間中吸入，是否也同樣有效果呢？謝謝。」

精油能抗新冠病毒，沒有科學根據

讀者附上了一則新聞連結，發表於 2020 年 2 月 7 號，標題是「精油防疫！澳研究：聞十五分清空流感病毒｜中視新聞」，影片中是台安醫院家醫科主任羅佳琳在談「精油防疫」。她說：「有的精油它是直接就可以阻止我們的病毒」。這個影片在短短兩天裡就有八萬多個點擊，有二六二個讚，十二個爛。影片下面還有這麼一段話：「疫情延燒，防疫物資引發搶購風潮！澳洲

133

一家大學發現，茶樹與尤加利樹精油，可以隔絕九成以上的流感病毒，雖然目前與武漢肺炎沒有直接關係的直接研究，卻意外帶旺精油銷售，精油業者就透露，最近業績確實有增加。」

可是我到谷歌和公共醫學圖書館 PubMed 搜索，就是搜不到有任何資訊可以證明「澳洲一家大學發現，茶樹與尤加利樹精油，可以隔絕九成以上的流感病毒」。不過，在搜索時我倒是看到另外兩篇文章，標題分別是「不，『抗病毒精油』可能不會阻止您生病」[1] 和「戰痘醫生戳破美容大師蜜雪兒‧潘的主張，即燒『抗病毒』精油可在病毒進入系統前消滅」[2]。

這兩篇文章都是在講擁有兩百多萬粉絲的美容網紅蜜雪兒‧潘（Michelle Phan）用推特宣稱「精油可以對抗病毒」，而一位皮膚科醫師珊卓‧李（Sandra Lee）立刻回應說：「很抱歉，所謂的抗病毒精油根本就不存在」。這位網紅也回應說，她只是分享朋友的言論，而非有意誤導，她下次會小心留意。也就是說，她也承認所謂的「抗病毒精油」根本就不存在。

那，到底是什麼原因會讓台灣這位醫師說精油能抗病毒呢？我用她的名字做搜索，搜到一篇 2020 年 2 月 5 號發表在《國家網路醫藥》的文章，標題是「防範武漢肺炎！芳療醫學專家教你善用精油因應呼吸道感染疫情」[3]。這位「專家」就是中視新聞裡的那位醫師，她是「台灣芳香醫學醫學會」的理事長。

芳香療法不是正統醫學

所謂的芳香醫學其實是叫做「芳香療法」（aromatherapy），這並不是正統醫學裡的分支，只是一個旁門左道。有關此一療法，信譽卓著的梅友診所有發表文章，標題是「芳香療法好處為何？」[4]，本文開門見山就說：關於芳香療法是否有效的研究是有限的。約翰霍普金斯大學也有發表一篇文章，標題是「芳香療法：精油真的有效嗎？」[5]。在這兩篇文章裡是完全看不到「病毒」（virus）或「流感」（flu）這兩個字。

約翰霍普金斯大學另外還有一篇文章，標題是「2019 新型冠狀病毒：迷思 vs 事實」[6]，本文列舉了六項迷思，其中一項迷思是「您可以透過使用精油、鹽水、乙醇或其他物質，來保護自己免受 2019 年新型冠狀病毒的侵害」，然後文章澄清的事實是：這些建議的任何一項都不能保護您免受冠狀病毒感染，甚至於其中一些做法可能很危險。哈佛大學也有發表一篇文章，標題是「要小心冠狀病毒的新聞的來源」[7]。這篇文章說：「『牛至油證明對冠狀病毒有效』，是一個沒有根據的說法」。

總之，精油能抗病毒是一個完全沒有科學根據的說法。台灣這位醫師的聲稱，唯一的用處就是幫助精油的銷售。如果精油真的能抗病毒，那她為什麼還需要戴著口罩？更多有關精油

的用途與胡扯，請看本書的 177 頁。

精油效果，論文分析

我發表了前一段文章後，得到相當多的點擊和回應。其中有三位讀者分別寄了三篇論文回應我所說的「我到谷歌搜索，又到公共醫學圖書館 PubMed 搜索，就是搜不到有任何資訊可以證明『澳洲一家大學發現，茶樹與尤加利樹精油，可以隔絕九成以上的流感病毒』」。

第一位寄來論文的讀者是 Lucas Liu，文章標題叫做「精油和蒸氣的抗流感病毒活性」[8]。這篇論文是 2014 年發表在《美國精油和天然產品期刊》（American Journal of Essential Oils and Natural Products），作者是兩位加拿大英屬哥倫比亞大學的研究人員。這個期刊並沒有被收錄於公共醫學圖書館 PubMed，也就是說其水準還沒有達標。但不管如何，這項研究也只不過就是把病毒放在精油或霧氣裡，然後看病毒的活性是否降低。也就是說，這項研究並不是像那位醫師所說的，用鼻子嗅嗅精油就可以阻止病毒感染。

第二位讀者是 alan chen，他寄了兩次同一篇論文，標題是「茶樹和尤加利樹油的霧氣和蒸氣的抗病毒活性」[9]。這篇論文

是 2013 年發表在《霧氣科學期刊》（Journal of Aerosol Science），作者是四位澳洲格里菲斯大學（Griffith University）工程學院的研究人員。這篇論文，一樣也沒有被收錄於公共醫學圖書館 PubMed，同樣是說水準還沒有達標。但不管如何，這項研究也只不過就是把病毒放在精油的霧氣或蒸氣裡，然後看病毒的活性是否降低。也就是說，這項研究並不是像那位醫師所說的，用鼻子嗅嗅精油就可以阻止病毒感染。事實上，這篇論文的結論有說，這項研究是要看精油是否可以用於改善空氣品質（請注意，這是出自工學院的研究）。

第三位讀者是 Angel，她所寄的論文叫做「茶樹和尤加利樹油滅活空氣傳播的流感病毒」[10]。這篇論文是 2012 年發表在《霧氣科學期刊》，作者就是前面出現過的那四位澳洲研究人員。這篇論文也一樣是沒有被收錄於公共醫學圖書館 PubMed。事實上，這一篇跟 2013 年發表的論文幾乎是一模一樣（這是有違學術倫理的行為），結論也是說精油似乎可以改善空氣品質。所以，明明是要探索精油是否可以用來改善空氣品質的研究，卻被中視新聞和「國家網路醫藥」網站拿來誤導民眾，說用鼻子嗅精油就可以抗流感和武漢肺炎。

有位署名 Li Liang 的讀者在我這篇文章下面這樣回應：「我雖提出嚴正抗議，難道無法約束其誤導社會大眾的做法嗎？我

是 TB（肺結核）防制人員，也是目前第一線防疫人，看到這篇貼文，怎能打著國家網路醫藥替她背書呢！」

很抱歉，我想不太可能會有辦法約束這些媒體或個人吧。也許只能希望民眾會自己做出正確的判斷和選擇。

精油的危險性

不管如何，在搜索資料的過程中，我看到一篇值得精油愛好者警惕的文章。這是出自一本書的第七章，書名是《芳香療法科學：醫療保健專業人員指南》，章名是「芳香療法的安全性問題」[11]。這篇文章舉證了很多有關精油的危險性，我只將第一段和較嚴重的另一段翻譯如下：

許多芳香療法專家和公眾人士都認為天然精油是完全安全的。這是基於一種誤解，即所有草藥都是安全的，因為它們是「天然的」。然而，僅由於茶或用作草藥的酒精萃取物對人體無害，就可以推斷該植物的精油也是安全的，這是危險的。與整個植物相比，精油濃度的急劇增加（通常為 0.01％）表明，精油不等同於整個草藥。精油也是易揮發和脂溶性的，因此與草藥中主要使用的水溶性全草藥提取物不同。正如第一章所建

議的，精油和草藥之間的比較就如同將奶油按摩到嬰兒的皮膚中，並認為這是等同於給嬰兒喝全脂牛奶。

有關香料的數據表信息清楚地表明，還沒有徹底研究化學、物理和毒理學性質。過去數十年來被廣泛使用於香精的許多材料是具有嚴重的神經毒性，並在人體組織中積累。儘管如此，儘管嗅覺途徑提供了直接進入大腦的途徑，但大多數香味材料從未經過神經功能測試。

總之，我衷心希望讀者不要被那個《中視新聞》影片和那篇「國家網路醫藥」文章誤導。無可爭議的事實是，絕對沒有任何人體或動物試驗的證據顯示用鼻子嗅精油就可以抗流感和武漢肺炎。至於用精油來殺空氣中的病毒，我建議您還不如用次氯酸水噴霧就好，既便宜又有效（我猜它的效果應該是會比精油好）。有關次氯酸水的效果，請繼續看下一篇文章。

後續讀者回應

這篇文章發表後，有位讀者 Chi Chu 回應：「這篇文章[12]中提到的是否有論文呢？另好奇請問教授對精油理解到什麼程度？目前榮總也有引進芳療師，雖非正統療法的一種，但也看

到許多醫院開始採取芳療作為輔助療法，請問教授看法。」我的回答：「這項研究是用精油來當驅蚊劑，不是給人治病。芳療主要是心理治療。但是精油有潛在的毒性，這是連芳療師都不懂的。」

　　另外一位讀者丁磊也在這個討論串回覆：「現在醫院引進項目的選擇在於有沒有利潤（在沒有風險情況下），不在於一定要有療效（有安慰劑即可），什麼都有，就差算命的！」我的回答是：「的確如此。就像保健品一樣，反正縱然有害，一時間也不會顯現。再加上低成本，高利潤，真的就是金雞母。」

 林教授的科學養生筆記

1. 一本期刊或科學論文，若是沒有被收錄於公共醫學圖書館 PubMed，意思就是水準還沒有達標

2. 把病毒放在精油的霧氣或蒸氣裡，然後看病毒的活性是否降低的研究，並不等同證明用鼻子嗅嗅精油就可以阻止病毒感染

3. 目前的事實是，沒有任何人體或動物試驗的證據顯示用鼻子嗅精油就可以抗流感和新冠肺炎

4. 芳療主要用於心理治療，但精油有潛在的毒性，這是連芳療師都不懂的

冠狀病毒恐慌與次氯酸水的分析（上）

＃漂白水、氯化水、禽流感、套膜

　　我在前一篇精油文章中寫道：「……至於用精油來殺空氣中的病毒，我建議您還不如用次氯酸水噴霧就好，既便宜又有效（我猜它的效果應該是會比精油好）」。所以，有幾位讀者就立刻來問我關於次氯酸水是否安全，濃度應當是多少等等。

病毒恐慌下的次氯酸水消毒須知

　　次氯酸水（hypochlorous acid-containing water）是一種氯化水（chlorinated water），而漂白水也是一種氯化水，但後者通常是含有次氯酸鈉（sodium hypochlorite）。只要不是吃進肚子，氯化水一般來說是安全的，畢竟游泳池裡的水就是氯化水。只不過，在某些特殊情況下，氯化水還是會有安全的疑慮，例如下面這三篇論文。還有，也許讀者有聽過**「過度衛生的環境可能**

不利於小孩子免疫系統的發展與成熟」。所以，是否有必要在家裡用次氯酸水來消滅微生物，是讀者自己需要思考和選擇的。

　　也就是說，我對於一般家庭使用次氯酸水的必要性，是持保留的態度。但由於現在武漢病毒搞得人心惶惶，所以我才會說可以考慮用次氯酸水來殺空氣中的病毒。果不其然，我文章發表的隔天就有這麼一則報導，標題是「一起防疫！85度C免費送次氯酸水，幫大家一起維護環境安全。」市面上有許多次氯酸水產品，包括一些較昂貴的霧化機。但由於我沒有使用過這些產品的經驗，也不知道相關產品資訊的可信度，所以無法給建議。至於有關次氯酸水的有效濃度，讀者可以參考這篇文章，標題是「透過體外實驗評估噴霧的次氯酸溶液對禽流感病毒的殺病毒活性」[1]，我把這篇論文摘要裡的重點翻譯如下：

　　將次氯酸溶液直接噴在人造絲片上的病毒上十秒鐘時，100和200 ppm的溶液可以在噴灑後立即滅活禽流感病毒，而50 ppm的溶液至少需要三分鐘的接觸時間。在間接噴霧形式下，200 ppm溶液在接觸後十分鐘內滅活了禽流感病毒，而50 ppm和100 ppm則不能將其滅活。

　　也就是說，所謂的有效濃度是視情況而定。但一般來說，100 ppm是較常用的，85度C送的就是100 ppm。

冠狀病毒有套膜，所以次氯酸水無效？

因為我寫過可以考慮用次氯酸水來作為武漢病毒的防疫措施，所以有位讀者黃美玉，寄來一封要指正我的電郵，內容很長，我將重點整理如下：「一、有關次氯酸水對武漢病毒是否有效，之前有收到 line 的轉傳，訊息如下：有關最近很夯的次氯酸水，它是作用於無套膜病毒。但是……冠狀病毒是有套膜，新聞卻一直說可用；二、所以，我們昨天親自打電話給 1922，問了防疫專家說：目前沒有證實有效果，並且實證查了資料，冠狀病毒因為是一種具有外套膜的病毒……；三、巫醫師的網站寫次氯酸水是作用於無套膜的病毒；四、有鑑於教授寫過的內容，是否會造成大家以為次氯酸水對武漢肺炎有效，希望教授可以參考一下以上資料，若有錯誤，也請指正，謝謝！」

所以，這位讀者是客氣地暗示我的文章誤導了大眾，但事實真是如此？首先，在上一段我有提供一篇研究論文（同註釋 1），此文結論是：100 和 200 ppm 的次氯酸溶液可以立即滅活禽流感病毒。

那，您要不要猜猜看，禽流感病毒有沒有套膜？答案是，有。再來，2012 年爆發的「中東呼吸症候群」（MERS）也是

由冠狀病毒引起的,而 MERS 是在 2015 年傳入韓國,直到 2018 年才正式宣布結束。所以,韓國對於此疫情是有深刻的經驗,而該國的專家有發表一篇研究論文,標題是「中東呼吸症候群冠狀病毒感染的病毒脫落和環境清潔」[2]。這項研究顯示,酒精對 MERS 的清除作用不太有效,但是漂白水(sodium hypochlorite)的效果則非常好。(補充:在這篇論文裡,hypochlorite 在幾個地方被誤寫成 chlorite)

我說過,漂白水和次氯酸水都屬於氯化水,而次氯酸水的消毒效率是遠高過於漂白水[3]。所以,既然漂白水對冠狀病毒有效,那次氯酸水就應該是更有效。

有家叫做 Aqualation Systems 的英國公司是專門生產次氯酸水產品的,其網站在 2020 年 2 月 5 號有發表一篇類似學術論文的文章,標題是「新型冠狀病毒(2019-nCoV)–Aqualation,有效預防和控制」[4]。我把其中的重點翻譯如下:

我們目前無法針對 2019-nCoV 測試 Aqualution 產品,因為該病毒尚無法用於實驗室測試。此外,即使有樣品,也要等到監管機構審查並批准這些聲明後,才能做出任何明確的聲明。……經測試,Aqualution 次氯酸對於有套膜的病毒和沒套膜的病毒都能達到大於五次方的減少。

　　補充：例如從一百萬降至十就是「五次方的減少」

　　Pure&Clean Sports 也是專門生產次氯酸水產品的美國公司，其網站有發布一份新聞稿，標題是「Pure & Clean 次氯酸水產品的其他殺滅聲稱」[5]。這份新聞稿說，該公司的次氯酸水產品獲得美國環境保護局的認證，增加了幾項殺滅微生物的聲稱，其中包括有套膜的病毒和沒套膜的病毒。

　　從上面這兩篇學術論文和兩篇公司的聲明，我可以很有把握地說次氯酸水對有套膜病毒是有效的。反觀黃小姐所說的次氯酸水對有套膜病毒無效，那也只不過是根據毫無科學證據的群組傳言和「巫醫師的網站寫的」。

 林教授的科學養生筆記

1. 漂白水和次氯酸水都屬於氯化水，而次氯酸水的消毒效率是遠高過於漂白水，只要不是吃進肚子，氯化水一般來說是安全的。只不過，在某些特殊情況下，氯化水還是會有安全的疑慮

2. 根據學術論文和參考資料，次氯酸水對有套膜病毒，例如流感和新冠，是有效的

3. 過度衛生的環境可能不利於小孩子免疫系統的發展與成熟，所以是否需要採用次氯酸水來消滅微生物，是讀者需要思考和選擇的

2-6

冠狀病毒恐慌與次氯酸水的分析（下）

\# 寵物、麥高臣、伊波拉病毒、酒精

次氯酸水可以用在皮膚上嗎？

　　我從 2020 年 2 月連續發表了六篇關於次氯酸水的文章，每篇都得到相當大量的閱覽、轉載和回應。在所有回應裡，最常被提出的問題是「可否用次氯酸水來做手部消毒呢」，我的答案是千篇一律：「**次氯酸水產品應當都只作為環境衛生的管理，而不是身體衛生的管理。所以不建議噴在身體的任何部位。用清水（或許加上一點肥皂）洗手即可**」。可是，這幾天來，還是有很多讀者在問同樣的問題。尤其是一位鄭先生在 2 月 25 號提出的問題，使得我不得不決定寫這篇文章來做一個了斷。

　　鄭先生的問題是：「因為家裡有寵物，所以我一直有用麥高臣產品（來自美國，成分主要便是次氯酸 0.009%）。台灣寵物業者說，這可噴於任何動物（包含人）和用於環境消毒、清潔，

可提供傷口氧氣，並附上馬和狗受傷、開刀後傷口使用後效果，還有 FDA 的十項認可，包括 21CFR Part807 等。想請教您，次氯酸是否有所謂醫療級的（可以噴於皮膚）和只能用於環境中的區別嗎？」

　　我到「麥高臣」（MicrocynAH）這個產品的官方網站查看，看到此一產品宣稱可以安全使用於所有動物，包括哺乳類、爬蟲類和鳥類，用於「管理傷口、割傷、擦傷、燒傷，撕裂傷，手術後部位、熱點以及皮膚和眼睛刺激」。另外，我也看到此一產品是源自一個叫做 Microcyn 的產品，此一產品是專給人用的。

　　有關 Microcyn 的配方、作用機制、應用等等，有一篇 2018 年發表的論文曾做了詳細的介紹，標題是「局部次氯酸狀態報告：特定製劑的臨床相關性，潛在的作用方式和研究結果」[1]，論文提到：「研究支持次氯酸的抗微生物，抗炎和其他生物學特性，從而使其可用於治療皮膚傷口、瘙癢、糖尿病性潰瘍和某些炎症性皮膚病」。

　　在 2020 年，又有一篇論文更進一步說次氯酸製劑是未來處理皮膚傷口的黃金標準，標題是「局部穩定的次氯酸：皮膚病學和整形外科程序中傷口護理和疤痕處理的未來黃金標準」[2]。所以，毫無疑問的，次氯酸製劑是可以用來處理皮膚傷口。

　　但是，皮膚傷口的處理畢竟是跟皮膚預防性的消毒（如預防冠狀病毒）不同。只不過，有關次氯酸之應用於皮膚預防性的消毒，我花了十幾天，竭盡所能查到的科學資料，也就只有一篇 2016 年的論文，標題是「在面對伊波拉的社區中尋求更明確的手衛生建議：隨機試驗，研究六種洗手方法對皮膚刺激和皮膚炎的影響」[3]。

　　這篇論文在介紹研究動機時是這麼說：「在伊波拉地區，通常推薦的洗手方法是使用肥皂和水、酒精類洗手液或 0.05％的氯溶液。關於這三種洗手方法的安全性缺乏明確證據，導致國際準則不一致甚至矛盾。無國界醫生組織建議使用 0.05％的氯溶液，而世界衛生組織和美國疾病控制與預防中心均建議使用肥皂和水或酒精類洗手液洗手，並指出用氯洗手並不理想，因為這可能會導致皮膚損傷，從而會增加感染的風險，因為皮膚破裂會促使病毒進入血液。疾病預防控制中心和世界衛生組織還指出，頻繁使用任何洗手方法都可能導致皮膚屏障的破壞，並建議僅在沒有其他選擇的情況下才可以將氯溶液用於洗手。」由此可見，「無國界醫生組織」建議使用氯溶液，而世界衛生組織和美國疾病控制與預防中心則建議，只有在沒有其他選擇的情況下才使用氯溶液洗手。

　　這項研究共募集了 108 人，分成六組來測試六種不同的洗

手液，分別是：肥皂和水、酒精類洗手液、0.05％次氯酸鈣、0.05％二氯異氰尿酸鈉、0.05％次氯酸鈉、0.05％穩定次氯酸鈉。結論是每種洗手方法都有其優缺點，例如肥皂廣泛可用且價格便宜，但是需要水並且不會使病毒滅活；酒精類洗手液易於使用且有效，但價格昂貴且不為許多社區所接受；氯溶液易於使用，但難以正確生產和分配。總體而言，我們建議伊波拉應對人員和社區使用任何最可接受，和可持續的洗手方法。

所以，這項唯一有測試次氯酸水之用於手部消毒的科學研究，並不反對使用此一方法。只不過，這項研究的的規模很小，而且也只是測試對手部皮膚的影響（沒有測試殺病毒），所以它的結論也還是只能供做參考，而非可以行諸天下的準則。

還有，讀者也需注意，市面上的次氯酸水以及所謂的次氯酸水生成機，都缺乏規範，品質堪憂。所以，我個人認為，就安全性而言，用清水及肥皂洗手仍應是首選。至於次氯酸水，頂多就只能用於環境衛生的管理，而非個人衛生。

更多次氯酸水問答

因為讀者對於次氯酸水的文章反應熱烈，我也陸續寫了數篇文章詳細回答次氯酸水的特性和商用產品分析。因為資料有

點多，特別整理出以下幾個簡要問答，想知道詳細推導過程的讀者，可以上我的網站「科學的養生保健」搜尋「次氯酸水」看全部文章和參考資料。

問：網路新聞報導，說次氯酸水噴出瓶後就會氧化，導致沒有抗菌的效果，請問這是正確的嗎？

答：次氯酸水噴出瓶後，如果擊中目標（微生物），就會將微生物（氧化）殺死。如果沒有擊中目標，就會還原（不是氧化）而不再具有（氧化）殺微生物的能力。這是很正常的，沒有什麼值得大驚小怪。

問：次氯酸水的保存盡量避免接觸空氣，以免還原嗎？

答：要維持次氯酸水的消毒效率，就需要將它的瓶罐蓋緊，並存放在低溫黑暗的地方。還有，幾乎任何物質（有機無機）都會降低次氯酸水的消毒效率。

問：二氧化氯是否會比次氯酸水更好？

答：二氧化氯和次氯酸水在消毒效率上，並沒有明確的證據顯示孰優孰劣。但就我所知，在目前的武漢病毒疫情裡，次氯酸水好像是政府機構和大多商家的選擇。所以，如果硬是要

我做裁判，我也只好選次氯酸水。

問：霧化的次氯酸水是否會導致肺損傷、癌化等等人體傷害？

答：所謂「次氯酸水霧化後對肺的影響」的研究，其實是用漂白水做出來的，而不是用次氯酸水。但我必須強調，由於次氯酸水的安全性不明，所以不建議用在身上（包括手部消毒）。次氯酸水對人體的安全性，目前沒有可靠的研究，以後大概也不會有。**次氯酸水產品應當都是只作為環境衛生的管理，而不是身體衛生的管理。對於次氯酸水與身體的接觸，縱然只是手部的接觸，我都已表達擔憂。**所以，我是絕無可能會告訴讀者「霧化的次氯酸水對肺是安全的」。只不過，對於「次氯酸水將導致肺損傷、癌化等等」的聲稱，目前的科學證據實在是相當薄弱。

最後，我希望讀者一定要認清，**環境中的微生物，就像身體裡的微生物一樣，都是與人類共存共榮的生態成員。**我相信大家都聽說過腸道裡有益生菌，而抗生素會殺死益生菌。所以，你如果用消毒劑來殺滅環境中的微生物，所殺滅的並不只是病原菌，而是連益生菌都會被殺滅。消毒劑必須是在不得已

的情況下才使用（例如有科學性評估過的風險），而不是無的放矢，趕盡殺絕。要知道，一個無菌的環境，對我們人類健康非但是無益，反而是有害。請看 2018 年發表的這篇論文，標題是「人類、動物和環境微生物群系之間的一種健康關係：簡短回顧」[4]。

 林教授的科學養生筆記

1. 次氯酸水產品應當都只作為環境衛生的管理，而不是身體衛生的管理。所以不建議噴在身體的任何部位

2. 維持次氯酸水的消毒效率，就需要將它的瓶罐蓋緊，並存放在低溫黑暗的地方。還有，幾乎任何物質（有機無機）都會降低次氯酸水的消毒效率

Part **3**
新科技還是偽科學？

電子菸、LSD、基因檢測、精準醫學……
哪些是真科技，哪些是騙錢的花招？

電子菸的安全分析

IQOS、Vape、JUUL、尼古丁、戒菸

一位好友在 2019 年 1 月寄來電郵，她這麼說：「最近很多朋友在使用 IQOS 的電子菸，號稱跟傳統菸油蒸汽的電子菸不同，是加熱菸草而非燃燒菸草。根據開發商菲利普莫里斯的宣稱，可以減少 90 到 95％的有害物質。現在在日本、歐洲和台灣都很流行，我也考慮買給吸菸三十年的父親，作為戒菸的替代品。但又看到有研究說其實 IQOS 沒有這麼好，不知道除了廠商提供的報告之外，是否有其他比較公正的科學研究呢？」

新型電子菸 IQOS 較安全，幫助戒菸？

IQOS 是 I Quit Ordinary Smoking 的縮寫，而其用意就是造成一種「我戒菸了」的假象。此一行銷手法果然奏效。要不您看，這位好友不就是說「我也考慮買給吸菸三十年的父親，作

為戒菸的替代品」？此款菸雖然也是電子菸，但卻不同於目前市面上較常見的蒸汽電子菸（Vaper），而是屬於「加熱菸草製品」（Heated Tobacco Products）或「熱不燒菸草製品」（Heat-not-Burn Tobacco Products）。

簡單地說，「加熱菸」的「菸」是真的菸草，而「蒸汽菸」則沒有「菸」（只是將加了尼古丁及各種口味香精的液體蒸發成氣體）。所以，IQOS 這類「加熱菸」的優勢就是提供了如同傳統菸一般的口感。但不管是加熱菸還是蒸汽菸，行銷手法都不外乎聲稱「產生較低量的有害物質及可以幫助戒菸」。

在討論這兩個行銷手法之前，我們先來看一則 2019 年 1 月 24 號的三立新聞，標題是「禁用是圖利傳統紙菸商！王浩宇：選上立委就推動電子菸合法」：「他指出，很多國外的實驗都證實，在妥善管理的狀況下，包含 IQOS 這類加熱式菸品或其他的電子菸商品，相較於傳統燃燒的捲菸，對吸菸者產生健康危害較低，不但不會在衣服上留下明顯味道，也有助於改善二手菸問題。在完全沒有科學研究跟評估的狀況下，台灣政府就貿然的全面禁用電子菸商品，甚至連蒸氣式的 IQOS 都全面禁用，讓吸菸族別無選擇的繼續吸更有害的傳統菸品，這不是圖利傳統紙菸商，什麼才是？」

這條新聞先說「IQOS 這類加熱式菸品」，然後卻又說「甚

至連蒸氣式的 IQOS 都全面禁用」，很顯然是記者先生小姐的粗心大意。但這不是重點。重點是 1. 在台灣，不管是「加熱菸」還是「蒸汽菸」，都是非法的，但卻都可以買得到。2. 參選立委的王先生說：「很多國外的實驗都證實⋯⋯對吸菸者產生健康危害較低。」

很多國外的實驗都證實，真的嗎？IQOS 的製造商「菲利普莫里斯」是一家美國公司。但是，很諷刺的是，在可以合法行銷 IQOS 的三十幾個國家裡，卻沒有美國。為什麼？美國的 FDA 規定，凡是聲稱「對吸菸者產生較低健康危害」的菸品，都必須提交一份「修改風險菸草製品」（Modified Risk Tobacco Product）的申請書。所以，為了能在美國賣 IQOS，菲利普莫里斯在 2016 年 12 月送進此一申請書，但是卻在一年後（2018 年一月）被 FDA 否決。也就是說，FDA 不認為 IQOS「對吸菸者產生較低健康危害」。所以，一直到今天，IQOS 在美國還是非法。

醫學期刊裡有一份專精於報導與菸品相關研究的期刊叫做《菸草控制》（Tobacco Control），其在 2018 年 10 月 22 號發行一本名為「加熱菸產品」（Heated Tobacco Products）的特輯，內容包括了二十二篇大大小小的研究論文、觀點、評語等等的文章。我把其中兩篇的標題列舉如下，您應該就可以看出，這本

特輯對 IQOS 的意見是如何不堪，分別是「菲利普莫里斯自己的在美國人潛在危害生物標誌物的體內臨床數據顯示，IQOS 與傳統香菸沒有可驗出的差別」[1]、「IQOS 標籤會誤導消費者」。

當然，我也必須指出《菸草控制》這本醫學期刊一向是持反對任何菸品的立場，所以它會被菸品公司批評為有欠公允。有鑑於此，好友所問的「不知道除了廠商提供的報告之外，是否有其他比較公正的科學研究呢？」，就沒有解答了。也就是說，菸品公司所支持的研究都會得到對 IQOS 有利的證據，而反對菸品的學者則會得到對 IQOS 不利的證據。

至於 IQOS 是否可以幫助戒菸，根據一項在韓國所做的調查，答案是否定的。事實上，縱然是根據行銷較久的「蒸汽菸」的經驗，電子菸使用者往往會成為「雙重使用者」。也就是說，他們還是會繼續使用傳統香菸。總之，整體而言，目前的科學證據不認為 IQOS「會產生較低量的有害物質」或「可以幫助戒菸」。

WTO：電子菸有害公共健康

讀者黃先生在 2020 年 6 月詢問：「感恩教授給予許多的正確觀念。最近某個團體一直提倡電子菸，強調沒有毒害，世界

各國都在推廣，還強調《新英格蘭醫學期刊》研究也肯定，但是怎麼看都覺得不管是紙菸或是電子菸危害都不小，可否請教授解惑。」

　　讀者附上一篇 2020 年 5 月 31 號發表在「台灣威卜」網站的文章，標題是「世衛世界無菸日報告：電子菸能改善公共健康」。這是一家以「菸草減害，減少菸害」為名，來提倡 Vape 這種電子菸的公司，公司名稱就是 Taiwan Vape 的音譯。

　　電子菸大致可分成兩種，一種是將菸草加熱（以 IQOS 品牌為代表），另一種是將含有尼古丁的液體霧化（就是 Vape，以 Juul 品牌為代表）。有關「菸草加熱」型的電子菸，我已經在上一段解說過。有關「霧化型」的電子菸的爭議，可以看下一篇文章〈電子菸，從戒菸到戒命〉。

　　台灣威卜這篇文章第一段說：「在世界無菸日前夕，世界衛生組織（WHO）發布電子菸主題報告表示，對成年菸民而言，轉向電子菸能有效降低健康風險」。但事實上，發表報告的並不是世界衛生組織，而是世界衛生組織的歐洲分支。所以，這份報告也只是針對歐洲國家而發出。這份報告的標題是「電子尼古丁和非尼古丁傳送系統」[2]，摘要是：

電子尼古丁和非尼古丁傳送系統（EN & NNDS）的產品是使用電線圈加熱將液體轉化為霧氣來讓使用者吸入。EN & NNDS 並非無害，儘管尚未充分研究其對發病率和死亡率長期影響的後果，但 EN & NNDS 對從未吸過菸的年輕人、孕婦和成人並不安全。雖然預計在這些人群中使用 EN & NNDS 可能會增加他們的健康風險，但未懷孕的成年吸菸者從可燃菸草捲中完全及時地轉換為僅使用純淨且經過適當管制的 EN & NNDS，可能會降低他們的健康風險。決定監管 EN & NNDS 的會員國可以考慮：監管以醫療產品和治療設備宣稱健康的 EN & NNDS；禁止或限制 EN & NNDS 的廣告、促銷和贊助；透過在所有室內空間或禁止吸菸的地方禁止使用 EN & NNDS 來最大程度地減少非使用者的健康風險；並限制 EN & NNDS 中允許的特定風味的水平和數量，以減少年輕人的攝入。

從這個摘要就可以很清楚地看出，這份報告所要傳達的訊息並不是如台灣威卜所說的「轉向電子菸能有效降低健康風險」，而是「建議歐洲國家制定法規來降低電子菸的危害」。事實上，**世界衛生組織在 2020 年 1 月 29 號有發表一份有關電子菸的問券，引言是：「電子菸排放物通常含有尼古丁和其他有毒物質，對使用者和吸入二手菸的人均有害」**。所以，世界衛生組

織的立場是非常清楚，那就是「電子菸有害公共健康」。

　　台灣威卜這篇文章也說：「WHO 在報告中引用了 2019 年發表於《新英格蘭醫學雜誌》一項重要研究結果：電子菸戒菸成功率幾乎增加了一倍」。這篇《新英格蘭醫學雜誌》的論文是發表於 2019 年 2 月 14 號，標題是「電子菸與尼古丁替代療法的隨機試驗」[3]。這個試驗的確發現「電子菸戒菸成功率幾乎增加了一倍」，但這是與「尼古丁替代療法」相比的結果，而不是與「沒使用電子菸」相比的結果。更重要的是，這項研究的測試對象有兩個非常重要的特點：1. 他們都是非常積極地想要戒菸。2. 他們在測試的過程中是一直有接受專家的心理諮詢和評估。

　　要知道大多數人，尤其是年輕人，他們之所以使用電子菸，並不是想要戒菸，而是認為吸電子菸是一種時尚，很帥超酷。所以，這篇《新英格蘭醫學雜誌》的論文的結論根本就不適用於大多數的菸民，尤其是年輕的菸民。讀者如想進一步了解為什麼年輕人會被電子菸吸引，請看 2020 年 5 月 4 號發表的研究論文，標題是「美國年輕人對 Juul 的認知」[4]。補充：Juul 是美國最主要的電子菸品牌和公司。

　　事實上早在 2016 年就有一篇大型的分析論文下了這樣的結論：使用電子菸的人很顯著地比較不會戒菸。也就是說，使用電子菸的人往往會變成雙重菸民。他們一方面使用電子菸，另

一方面則繼續使用傳統香菸。這篇論文的標題是「現實世界和臨床環境中的電子菸和戒菸：系統評價和薈萃分析」[5]。我在上段 IQOS 文章裡就已經說了：電子菸生產商和銷售商都是用「幫助戒菸」這個超佛心的廣告，來掩護他們促銷電子菸的狼子野心。這種披著羊皮外衣的狼，全世界到處都有，台灣當然也不例外。

 林教授的科學養生筆記

1. 電子菸大致可分成兩種，一種是將菸草加熱（以 IQOS 品牌為代表），另一種是將含有尼古丁的液體霧化（就是 Vape，以 Juul 品牌為代表）

2. 目前，菸品公司所支持的研究都會得到對 IQOS 有利的證據，而反對菸品的學者則會得到對 IQOS 不利的證據

3. 世界衛生組織在 2020 年 1 月 29 號有發表一份有關電子菸的問卷，引言是：「電子菸排放物通常含有尼古丁和其他有毒物質，對使用者和吸入二手菸的人均有害」

3-2

從戒菸到戒命，電子菸的爭議探討

\# Vape、丙二醇、植物甘油、四氫大麻酚、維他命 E、氧化鎘

這篇文章是《關鍵評論》邀請我撰寫的，在 2019 年 10 月 10 號發表，標題是「為了戒菸而發明的電子菸，為何卻讓某些人戒了命？」，特別收錄在這本書中。補充說明：本篇探討的案例都是蒸氣式（Vape）的電子菸。

為戒菸發明的電子菸，為何卻讓某些人戒了命？

第一個與電子菸相關的死亡案例是在 2019 年 8 月 23 日首度被報導，而截至同年 10 月 4 日為止，美國境內相關的死亡案例已增至 21 個[1]。同時，相關的疾病案例也已破千。電子菸的發明是為了戒菸，而上市之後的行銷也是以戒菸為訴求。那，為什麼原本要幫助戒菸的產品，現在卻變成會戒命呢？

電子菸的雛形最早是出現在 1963 年美國賓州人赫伯特・

吉爾伯特（Herbert A. Gilbert）所提交的美國專利申請，該申請在 1965 年 8 月獲得批准。但是由於此一專利設計並沒有電子裝置，而只是將含有尼古丁的菸液加溫，所以還不能算是電子菸。現年 88 歲的吉爾伯特目前住在佛羅里達，他沒有從這個專利賺到一毛錢。

真正的電子菸是瀋陽人韓力在 2003 年研發出來的。他的名字在英文文獻裡是以 Hon Lik 記載。韓力因為看到父親長年吸菸而死於肺癌，所以決心自己要戒菸。他最初是嘗試尼古丁貼片，但有時會因為忘記取下貼片而做一整晚噩夢。他在接受採訪時說，曾夢見自己淹死在海水中，然後變成一團蒸汽，而這個「蒸汽」的夢就成為他發明電子菸的靈感。

韓力在 2002 年開始著手研發他認為可以幫助戒菸的電子菸。他當時的想法是，吸菸對人體的傷害主要是來自菸草燃燒之後而形成的焦油，所以，如果不燃燒菸草，就可大大降低吸菸的危害。由於他本人是藥劑師，又在遼寧中藥研究所工作了十多年，所以具有相當不錯的研發能力。他在經過無數次的失敗後，終於在 2003 年 3 月宣告成功。他的發明取得中國、美國和歐盟的專利，並在隔年 5 月開始量產。他的公司「如烟」在 2007 到 2008 年的高峰期銷售額高達近十億人民幣，並且在 2008 年聲稱售出超過三十萬具電子菸。可是，在 2009 年美國

FDA 對電子菸下達全面進口禁令，而中國國內的山寨版電子菸又四處猖獗，再加上其他種種內憂外患，以至於「如烟」的業績一蹶不振，全年虧損高達 4.44 億人民幣。最後，在 2013 年「如烟」被全球第四大菸草公司「帝國菸草」收購。從此，「如烟」如煙般消失於無形。

電子菸的化學成分、相關病例與死亡案例

電子菸液通常是含有丙二醇、植物甘油、蒸餾水、人工調味劑和尼古丁。在食品業，丙二醇和植物甘油是常用來作為色素和調味劑的載體。在電子菸，這些成分可以讓尼古丁和風味劑保持懸浮狀態。但是，接觸丙二醇會引起眼睛和呼吸道刺激；在工業環境中長時間或反覆吸入可能會影響中樞神經系統。加熱和蒸發後，丙二醇會形成致癌物環氧丙烷，而甘油則會形成會刺激呼吸道的丙烯醛。

電子菸的口味有數十種可以選擇，例如菸草、巧克力以及多種水果（如櫻桃或草莓），等等。這些刻意添加的口味只有一個目的，那就是要吸引年輕人嘗試，而一旦嘗試就會上癮。電子菸液通常含有 24 毫克、18 毫克、12 毫克、6 毫克或 0 毫克尼古丁。但是，由於電子菸和電子菸液目前不受管制，所以電子

菸液中的實際尼古丁含量和濃度通常與標籤上註明的有出入。

　　與電子菸相關的病例是在 2019 年 4 月首度出現在伊利諾州和威斯康辛州，而截至 10 月 1 日，共有 1080 相關病例在全美 48 州及維京群島出現。唯一倖免的兩個州是新罕布什爾和阿拉斯加。截至 10 月 4 日，有十八州共出現了二十一個死亡案例，其中加州、奧勒岡州及堪薩斯州各有兩個案例。

　　大多數病患的症狀是胸痛、呼吸困難以及咳嗽，但也有病患說會噁心、嘔吐或腹瀉。甚至有人說有發燒的現象，但是直到目前為止，還沒有發生細菌或病毒感染的跡象。這些症狀通常是在使用電子菸後幾天出現，但也有人說在幾星期之後才出現。治療主要是用氧氣及類固醇。在 2019 年 9 月 6 日《新英格蘭醫學期刊》發表三篇與電子菸相關病例的研究報告，分別是：

1. 論文標題「伊利諾州和威斯康辛州使用電子菸有關的肺部疾病－初步報告」[2]。這篇論文是報導發生在伊利諾州和威斯康辛州的五十三個病例。這五十三名病患是九位女性和四十四位男性，年齡從 16 歲至 53 歲（平均 19 歲）。其中，五十二位有發生呼吸道症狀，四十三位有發生胃腸道症狀，四十四位表示使用添加了四氫大麻酚的電子菸產品。

2. 論文標題「Vape 電子菸與富含脂質的肺部巨噬細胞」[3]。這篇論文是報導發生在猶他州的六個病例。這六位病患的年齡和

性別分別是 20 歲男、23 歲男、23 歲男、25 歲女、29 歲男、47 歲男。他們的檢驗結果有一個共同的特點，那就是在他們的支氣管肺泡灌洗液裡出現富含脂質的巨噬細胞。所以，研究人員認為病患肺臟的傷害可能是電子菸液裡的油質引起的（例如大麻油）。

3. 論文標題「Vape 電子菸相關的肺部疾病斷層掃描影像」[4]。這篇論文並沒有提供病患的資料，而只是說研究人員共檢視了三十四位病患的肺部斷層掃描。比較值得注意的檢視結果是，沒有任何一位病患有發生「類脂性肺炎」（lipoid pneumonia）。也就是說，斷層掃描無法支持電子菸液裡的油質引起肺損傷的說法。

在 10 月 2 日《新英格蘭醫學期刊》發表論文，標題是「Vape 電子菸相關的肺部損傷病理學」[5]。這篇論文是報導取自十七名病患肺組織的病理檢查結果。這十七名病患是四位女性和十三位男性，年齡從 19 歲至 67 歲，而其中的十二人曾吸含有大麻或大麻油的電子菸。病理檢查的結果是，所有病患的肺臟都出現類似化學物質傷害的跡象，但是卻沒有任何類脂性肺炎的跡象。研究人員之一的布蘭登・拉森博士對《紐約時報》說：「所有十七個病例均顯示看起來像是化學物引起的肺損傷。此種損傷類似芥子氣等化學武器所引起的損傷」。

電子菸死亡案例，元兇查緝

　　儘管大多數專家及美國官方一再強調目前還不知道是什麼物質引發電子菸相關疾病，但是最常被媒體提起的罪魁禍首非「四氫大麻酚」莫屬，而排第二位的候選罪魁禍首則是維他命 E。儘管如此，《華盛頓時報》卻在 2019 年 10 月 2 號發表文章，標題是「研究者表示維他命 E 不太可能是 Vape 電子菸相關病徵的主因」[6]。此文引用註釋 4 的那篇論文來表示維他命 E 不太可能會是罪魁禍首。它之所以會這麼說，是因為維他命 E 是脂溶性，而該論文的研究並沒有發現患者的肺部含有脂質。

　　在 10 月 7 日《威拉米特》週刊（Willamette Week）發表文章，標題是「科羅拉多州實驗室的結果表明，電子菸案件中的新罪魁禍首：便宜的電子菸筆中使用的一種特殊化學品」[7]。這篇文章說，一家叫做「科羅拉多綠色實驗室」（Colorado Green Lab）的實驗室發現一些便宜的電子菸筆含有氧化鎘，而吸入氧化鎘會造成鎘性肺炎（Cadmium Pneumonitis）。此文進一步說，氧化鎘是存在於一些較便宜的電焊材料，而此類電焊材料是被用於焊接一些較便宜的電子菸筆。

美國官方聲明

　　美國的疾病控制中心（CDC）在 2019 年 10 月 3 號發布文章，標題是「與使用電子菸或霧化菸有關的肺損傷暴發」[8]，其中提到：1. 沒有單一產品或物質與所有肺損傷病例有關；2. 這些電子菸產品可能包含多種成分，複雜的包裝和供應鏈，並且可能包含非法物質；3. 吸菸者可能不知道他們的電子菸或電子菸液裡含有什麼；4. 供應商及吸菸者可能從網上或其他非正規來源取得產品，也可能自行改裝產品。

　　總之，電子菸的相關產品是非常繁雜多變，而很多使用者又喜歡冒險嘗新，或為了省錢而購買劣質產品。所以，所謂的罪魁禍首極有可能不會是單一物質。

 林教授的科學養生筆記

1. 由於電子菸和電子菸液目前不受管制，所以電子菸液中的實際尼古丁含量和濃度通常與標籤上註明的有出入

2. 2019 年美國發生的數十起 Vape 電子菸病例和死亡案例，因為電子菸的相關產品非常繁雜多變，而很多使用者又喜歡冒險嘗新，或為了省錢而購買劣質產品。所以，所謂的罪魁禍首極有可能不會是單一物質

LSD，是毒還是藥？

\# 魔幻蘑菇、麥角二乙胺、搖腳丸、抑鬱症

　　讀者 Franky 在 2020 年 3 月詢問：「請問您對於迷幻蘑菇或是 LSD 這種超強迷幻藥物，用來治療心理疾病的看法。因為許多的文章都寫到相關訊息，甚至國外還有專門提供迷幻蘑菇的身心營，看到許多參加者說結束以後心情很平靜，就像大腦被重新開機，覺得有點不可思議，所以想問教授的看法。」

LSD 用於治療心理疾病，還有長路要走

　　LSD 的全名是「麥角二乙胺」（Lysergic acid diethylamide），在台灣是俗稱「搖腳丸」。在美國，LSD 和海洛因同屬於一級管制藥物，而一級管制藥物的定義是：目前沒有被接受的醫療用途，並且極有可能被濫用的藥物。在台灣則屬於「第二級毒品」，使用者可處三年以下有期徒刑。

關於讀者所問的「LSD 用於治療心理疾病」，有兩極的看法。在林杰樑醫師創設的「綠十字健康網」有一篇文章，標題是「搖腳丸 Lysergic acid diethylamide（LSD）的毒害」[1]，其中有這麼幾句話：

「在 1950 年代，LSD 曾被使用在酒癮、精神耗弱症、孩童的自閉症、社會行為異常及絕症末期病人的疼痛的治療。然而後繼的研究顯示，並無實際的證據來支持它的療效。而服藥時病人常併有抽搐、焦慮及憂鬱狀態，或急性妄想、恐懼反應。甚至在停止不服藥後，仍會有幻覺出現。雖然 LSD 直接造成死亡的病例少見，但間接因迷幻作用而車禍及意外事件死亡者卻不少見。」

上面那篇文章沒有註明發表日期，也沒有提供參考資料，所以無法得知它所提的臨床實驗是在多久以前做的。但事實上 LSD 之用於治療心理疾病的臨床試驗並非像它所說的走投無路，而是至今一直都還在進行。例如在 2020 年就有一篇回顧性的論文，標題是「LSD 在精神病學中的治療用途：隨機對照臨床試驗的系統評價」[2]，而此文的結論裡有這麼一句話：「LSD 被揭示為精神病學的潛在治療劑；迄今為止，使用 LSD 治療酒精中毒的證據最充分。」在美國的臨床試驗註冊網站上也有一

項在 2019 年註冊的臨床試驗，標題是「針對重度抑鬱症患者的 LSD 治療（LAD）」[3]。

在加州有一個非營利的民間組織叫做「多學科迷幻藥研究協會」。它的宗旨是「開發醫學、法律和文化環境，使人們從迷幻藥和大麻的謹慎使用中受益」。這個網站上的一篇文章，標題是「LSD 輔助的心理治療」[4] 說：「我們完成了對十二個受試者的二期試驗研究，發現在兩次 LSD 輔助的心理治療之後，焦慮的減輕呈積極趨勢。研究結果還表明，可以在這些受試者中安全地實施LSD輔助的心理治療，並有理由進行進一步的研究。」

在澳洲有一個非營利的民間組織叫做「酒精和藥物基金會」（Alcohol and Drug Foundation）。其宗旨是「預防和減少酒精和其他藥物在澳洲造成的傷害」。它網站上的一篇文章「LSD 作為治療方法」[5] 說：「雖然我們看到 LSD 輔助療法取得了積極進展，但要想真正了解其對大腦的影響，對它的潛在治療益處的研究還有很長的路要走。」

從上面所提的臨床試驗報告和兩家民間組織的資訊，我們可以很清楚地看到，LSD 之用於心理疾病治療的實驗，一直都有在進行，而且也有取得一些進展。但很不幸的是，儘管只是在實驗階段，儘管只是取得一些小進展，LSD 卻已經在美國和台灣被說成是可以「增進工作表現、增進注意力、提升創作

力、提升大腦功能」等等，完全不顧它極其危險的本質，請繼續看下一段文章。

LSD 增進工作表現？支持者的過度美化

前段提到，雖然 LSD 是一級管制藥物，但它似乎具有治療心理疾病的功效。在搜索相關資料的過程中，我很詫異地發現，台灣有兩家我認為算是正派的網站，竟然把 LSD 說得像是仙丹神藥。其一是《鏡周刊》，在 2017 年 9 月 5 號發表文章，標題是「我認識的每一位億萬富翁，幾乎都固定服用致幻劑」[6]，對 LSD 及其他迷幻藥推崇至極。《關鍵評論》則更上數層樓，共發表了十七篇推崇 LSD、大麻及快樂丸的文章（作者都是「東邪黃藥師」），例如「矽谷正在告訴全世界：LSD 不是毒品，而是我們增進工作表現的私房秘方」及「毒郵票 LSD 到底是什麼？其實賈伯斯、比爾蓋茲都用過」。（補充：由於有三篇是重複發表，所以實際上是十四篇，而非十七篇）

這兩篇《關鍵評論》的文章至少有三個錯誤或疑點。第一個錯誤（疑點）是這段話：「在 1993 年獲得諾貝爾獎的凱利・穆利斯（Kary Mullis）博士也將他的成功歸因於 LSD：「我懷疑，

如果沒有 LSD 我會發明 PCR 嗎？LSD 讓我可以靜靜坐在一個 DNA 分子上觀察一切，從某種程度上看，是它讓我體會到這些。」

這段話裡的連結打開的是一篇維基百科的文章，可是在這篇維基百科文章裡有關「我懷疑……是它讓我體會到這些」這段話，是有被特別標識「需要確認」。也就是說，這段話就只是未經證實的傳言。而為了查證此傳言，我特地搜查整本凱利・穆利斯博士的自傳《在心智領域裸舞》（Dancing Naked in the Mind Field），發現他總共三十次提到 LSD，但卻從沒說過他將「成功歸因於 LSD」。我還極盡所能地搜查網路，也找不到凱利・穆利斯博士曾經說過，所以很顯然，這句話就只是「東邪黃藥師」誤將傳言當成事實，然後再加以延伸解讀。

第二個錯誤（疑點）是這段話：美國政府研究機構「國家藥物濫用研究所」（NIDA）的網站上就非常清楚的說明：「LSD 不被認為是一種令人上癮的藥物，因為它不會導致無法控制的藥物尋求行為。」[7]

沒錯，「美國國家藥物濫用研究所」的確有說：「LSD 不被認為是一種令人上癮的藥物……」，但是接下來也說：「但是，LSD 的確會產生耐受性，因此，一些反覆服用該藥物的使用者必須服用更高的劑量才能達到相同的效果。考慮到藥物的不可

預測性，這是一種極其危險的做法。此外，LSD 也會造成對其他迷幻藥（包括賽洛西賓 psilocybin）的耐受性。」

也就是說，美國國家藥物濫用研究所真正的用意是在警告大家 LSD 是極其危險，但《關鍵評論》那篇文章卻扭曲其原意，把 LSD 說成是無害。何況，儘管 LSD 不會造成生理上的藥癮，但卻會造成心理上的藥癮（即心理上的依賴）[8]。

第三個錯誤（疑點）是這段話：加州大學舊金山分校的一名二十五歲的研究人員 Mike 也會定期會攝取 LSD……由此可知，LSD 在矽谷早已被公認是「值得的、有益健康的，像是瑜伽或全麥」的東西……。「加州大學舊金山分校的一名二十五歲的研究人員 Mike」？這是什麼意思？如果我要調查真相，我是要如何能在加州大學舊金山分校找到這位 Mike？如果是真有其人，為什麼不能說出他的全名？如果連全名都不知道，又怎麼能說由此可知……？由此可知，這是作者編織出來故事。還有，儘管加州大學舊金山分校是一流學府，但是一名二十五歲的研究員並不只是什麼了不起的職務。由此可知，作者就只是想借重「加州大學舊金山分校」和「研究員」的名聲來畫個大虎爛。

我之所以把這三個錯誤（疑點）揪出來，最主要的目的是要讓讀者知道，《關鍵評論》這十七篇文章的作者是有偏見的。

他為了要扭轉大眾對迷幻藥的負面觀感，就刻意扭曲事實、編織故事來美化迷幻藥。但是，比這三個錯誤還更嚴重的是，《鏡周刊》以及《關鍵評論》的文章都只是參考和引用網路資訊，而這些資訊所聲稱的「增進工作表現、增進注意力、提升創作力、提升大腦功能」等等，都只是 LSD 使用者的自訴以及提倡者的宣傳，而非臨床證實的。

事實上，由於 LSD 是一級管制藥物，所以要拿來對正常人做臨床試驗是很難被 FDA 批准的。而也就因為如此，到目前為止，只有一篇測試 LSD 對正常人大腦影響的臨床試驗報告。這篇報告是 2019 年發表，標題是「微劑量 LSD 對時間知覺的影響：一項隨機、雙盲、安慰劑對照的試驗」[9]，而結論是：微劑量 LSD 產生超秒間隔的時間擴張，但與自我報告的感知、心理或專注力指數的任何強勁變化均無關。

儘管這篇論文的結論是「無關」，但 LSD 的提倡者卻把它說成 LSD 可以增進創造力和注意力，例如發表在《科學人》雜誌（Scientific American）的這篇文章，標題是「微劑量 LSD 會改變您的想法嗎？」[10]就是這麼說。由此可見，為了美化 LSD，提倡者是可以顛倒黑白的。

沒錯，誠如這些提倡者所說，的確是有一些很有成就的人公開表示 LSD 對他們有幫助。但是，有非凡成就並不等於他

們的言論就一定是值得相信，或他們的判斷就永遠是正確。例如，常被 LSD 提倡者拿來當做模範榜樣的賈伯斯，就因為迷信自然療法而導致他的胰腺癌快速惡化，而被過早奪去生命。至於比爾蓋茲，他對 LSD 的看法是「年輕的心可以應付迷幻藥的作用，但我認為這個年齡（29 歲）的我無法做到。我不認為你有能力處理睡眠不足或隨著年齡增長而對身體造成的任何挑戰」[11]。

 林教授的科學養生筆記

1. 在美國，LSD 和海洛因同屬於一級管制藥物，而一級管制藥物的定義是：目前沒有被接受的醫療用途，並且極有可能被濫用的藥物

2. LSD 之用於心理疾病治療的實驗一直有在進行，也有取得一些進展。但很不幸的是，儘管只是在實驗階段和取得一些小進展，LSD 卻已經在美國和台灣被說成是可以「增進工作表現、增進注意力、提升創作力、提升大腦功能」等等，完全不顧它極其危險的本質

精油騙局與詐騙首府猶他州

＃猶他州、多特瑞、紅血球、直銷、空汙、黃樟素

　　讀者 Thomas 在 2019 年 12 月 5 號提問：「請問林教授，在這支影片中，塗了精油能影響紅血球的排列，是不是代表對人有很好的治療作用？」

精油能影響紅血球排列？

　　讀者提供的是一支叫做「doTERRA 紅血球測試」[1]的影片，在 2012 年 4 月 14 發表，內容是大衛・希爾（Dr. David Hill）2009 年 4 月 25 日在美國猶他州所做的實驗，該實驗顯示，在腳底塗上複方精油三十秒之後，紅血球的排列就會從擁擠不堪，變成井然有序。我看完影片後回覆：「這是個騙局，目的是要賣精油」。讀者立刻又問：「所以任何品牌的精油都不能做為治療用途嗎，那精油有什麼作用？」。所以，我就不得不寫這篇文章

來解釋清楚。

　　精油是從植物中提取出來的化合物，而由於「取」了該植物的「精華」（事實上就只是香氣和風味），所以才被叫做精油（essential oil）。由於不同的植物會有相異的香氣和風味，所以精油的種類繁多。較常見的是薄荷、樟腦、尤加利、薰衣草、檀香、佛手柑、玫瑰、洋甘菊、茉莉花和檸檬。

　　精油的使用一定是要用抹的，誤食的話可能會致命。精油被塗抹到皮膚後，有一部分會被吸收，但吸收後有什麼功效，一直莫衷一是。最大的問題是，精油本身有香氣，而香氣會使人感到舒服放鬆，所以所謂的功效，可能不是因為皮膚吸收了什麼精華，而是因為香氣會引起舒服的感覺。不管如何，**有關精油的功效，目前稍有一點科學證據的項目是：減緩壓力或焦慮、減緩偏頭痛、幫助睡眠、降低炎症以及殺菌。**

　　那，為什麼我會說這個影片是個騙局。首先，影片裡的紅血球影像，根本就只是剪接拼湊而成的。沒有任何證據顯示這是從人體的血管裡錄影的，更沒有證據顯示這些紅血球排列變化是由於精油的作用。事實上，所謂的排列變化，也只不過就是紅血球的數目不同而已。再來，影片裡提到的那位做實驗的大衛・希爾，其實是一位整骨師，而非醫生或什麼科學家。更重要的是，他就是「多特瑞」（dōTERRA）這家公司的創辦人之

一。

　多特瑞是一家設於猶他州的多層營銷公司（即直銷），主要業務就是銷售精油及其相關產品。它除了上面那個偽科學影片之外，還發布了好幾個所謂的「療效」的影片，而這很顯然是違反保健品不可聲稱療效的法令。另外，多特瑞也大言不慚地宣稱他們的精油可以對抗空汙，只不過立刻遭到空汙專家的駁斥[2]。

　2019 年 2 月 22 日台灣的《經濟日報》有發表文章，標題是「美商多特瑞晶球含高量黃樟素，弘光籲督促回收」，第一段是：弘光科大執行「台灣化妝品安全管控與產業升級之平台建置」計畫，意外檢測到美商 dōTERRA 多特瑞銷售的「保衛複方晶球」食品，含可能致癌物黃樟素 819ppm，比食品添加物限量 1ppm 高出 819 倍，雖多特瑞台灣分公司得知後不再上架該產品，但美國總公司仍主張此銷售 120 國產品沒問題，因此，易教授將把檢驗結果寄給美國食品藥物管理局處理，並呼籲手上仍有此款產品消費者應思考是否要再食用。

猶他州，如何成為詐騙首府和直銷溫床

　上一段提到了設於猶他州的直銷精油公司多特瑞，其實，

每當我看到猶他州及直銷這兩個關鍵字，就不禁會打個哆嗦。讀者有沒有聽說過猶他州有個不雅的別稱，叫做「詐騙首府」（Fraud Capital），為什麼？且聽我道來。在 2019 年 4 月 29 號，猶他州首都鹽湖城的 KSL 電視台發表文章，標題是「猶他州應該得到『美國的詐騙首府』的稱號嗎？」[3]，內容摘錄如下：「猶他州長期以來一直是美國詐騙首府的名聲，主要是基於軼事證據。但佛羅里達州律師喬丹・馬格里奇（Jordan Maglich）彙編的全國性龐氏騙局數據庫，提供了證明這一可恥標籤的證據。根據 ponzitracker.com 的數據，從 2008 年到 2018 年，猶他州的龐氏騙局在所有州中排名第六，儘管其人口排名第三十一位。當鹽湖城律師馬克・普格斯利（Mark Pugsley）對人均數字進行分析時，猶他州的龐氏騙局名列前茅，而且遙遙領先。普格斯利發現，猶他州每十萬人中有 1.35 個龐氏騙局。佛羅里達州是第二高的州，為每十萬人 0.51，低了近三分之二」。

在 2019 年 5 月 10，KSL 電視又發表文章，標題是「猶他州：美國詐騙首府。又來了？」[4]。在 2019 年 5 月 1 號，鹽湖城的報紙 Desert News 也發表文章，標題是「為什麼猶他州人如此容易遭受詐騙」[5]。雖然這個標題是在問為什麼猶他州人容易被騙，但文章的內容其實是在說為什麼猶他州會成為詐騙首府。

在 2016 年 9 月 6 號鹽湖城的 KUTV 電視台發表文章，標題

是「追逐利潤：摩門教文化如何使猶他州成為多層次營銷的溫床」[6]，摘錄如下：「猶他州以許多事情而聞名：世界級的滑雪勝地、耶穌基督後期聖徒教會……。除此之外，猶他州有一個還鮮為人知的名聲：這是多層營銷和直銷公司的非官方世界首府。總部位於猶他州的聯合自然產品聯盟（United Natural Products Alliance）執行董事洛倫・以色列生（Loren Israelsen）表示，猶他州至少有十五個主要的直銷公司，每年創造數十億美元的收入，並使直銷成為僅次於旅遊業的第二大產業。以平均人口而言，猶他州擁有比其他州更多的直銷公司」。補充說明：根據猶他州「優良商業局」（Better Business Bureau），在猶他州註冊的直銷公司約有七十家。

在 2018 年 5 月 15 號，鹽湖城的楊百翰大學學報（The Daily Universe）發表文章，標題是「猶他州直銷爆炸」[7]：「直銷具有很大的經濟影響。根據 KUTV 的數據，每天有五千五百名新人加入直銷公司，讓全球行業的人數暴增。這個快速增長的商業市場在猶他州尤其領先，該州的人均直銷公司數量比美國其他任何地方都要多。在 2017 年，九家收入最高的猶他州直銷公司的年度總收入超過七十六億美元。這麼多錢影響著猶他州的經濟；不過，根據公司的不同，大部分資金可能會留給最高領導層，而不是流向新加入的賣家」。

在 2015 年 6 月 9 號，網路新聞 TPM 發表文章，標題是「猶他州如何成為快速致富計畫的中心點，怪誕又幸福」[8]。這篇文章是以短篇小說的形式來闡述猶他州如何成為直銷公司的天堂。此文用了我在上一段提到的多特瑞精油公司作為例子，描述它是如何利用人性的弱點來牟利。這個弱點就是，人們往往是憑著感情或直覺來購買保健品，而不會去追究保健品是否真的具有廠商所聲稱的功效，甚至於根本就只是盲目地相信保健品真的是具有這些功效。

瓊恩・泰勒（Jon Taylor）是猶他州人，擁有楊百翰大學的 MBA 學位和猶他大學的心理學博士學位。他曾在 1994 年加入猶他州的直銷大咖 Nu Skin，而為了推銷該公司的產品，自掏腰包花了五萬美金做廣告，結果是賠了夫人又折兵。從此他決定將一生致力於曝露直銷公司的騙局。他創設了一個叫做「關於多層次行銷的真相」（The Truth About Multi-Level Marketing）的網站。該網站的自我介紹是：「提供寶貴的指南和研究報告，基於傳銷專家瓊恩・泰勒博士二十年的研究，包括對六百多家直銷公司的（多層次營銷／網絡行銷）的評估」。瓊恩・泰勒也在 2011 出版一本三百八十一頁的書，書名是《贊成或反對多層次行銷的案例》[9]。在第一章的結尾他說：「當我發現這個行業多麼不公平，具有欺騙性，以及幾乎沒有人（包括監管者）了解參

加傳銷的後果時，使用我獨特的背景和技能來滿足消費者的需求似乎是正確的」。

　　所以，您現在可以理解為什麼，每當我看到猶他州及直銷，就不禁會打個哆嗦了吧。我稍微看了一下自己曾發表過的文章，就找到下面這幾篇是跟猶他州直銷公司的產品有關，分別是：「氧化還原信號分子，直銷鹽水」「免疫系統驚人真相的真相」和「類胡蘿蔔素指數？健康指標？」，有興趣的讀者也可以上我的網站查閱。

 林教授的科學養生筆記

1. 有關精油的功效，目前稍有一點科學證據的項目是：減緩壓力或焦慮、減緩偏頭痛、幫助睡眠、降低炎症以及殺菌

2. 猶他州是多層營銷和直銷公司的非官方世界首府。猶他州至少有十五個主要的直銷公司，每年創造數十億美元的收入，並使直銷成為僅次於旅遊業的第二大產業

3. 人們往往是憑著感情或直覺來購買保健品，而不會去追究保健品是否真的具有廠商所聲稱的功效，甚至於根本就只是盲目地相信保健品真的是具有這些功效

3-5

不沾鍋和爽身粉，謠言與毒性分析

#全氟辛酸、杜邦、鐵氟龍、爽身粉、GenX

不沾鍋有毒嗎？一場誤會

讀者 Thomas Liew 在 2020 年 4 月詢問：「請問教授，不沾鍋塗層的鍋真的不可用嗎？」並附上了一篇 2020 年 4 月 6 號《星洲日報》的文章，標題是「陳頭頭／ Dark Waters，當我們活在共毒時代」。這篇文章是發表在《星洲日報》的副刊「放映室」。也就是說，以文章分類和地位而言，應當只是要介紹《黑水風暴》（Dark Waters）這部電影。可是，作者卻寫得像是一件攸關人類生死存亡的報導。請看此文第三段：

《黑水風暴》說的是遙在美國的事，但全氟辛酸（PFOA）的毒大概早已流入全球為數不少人的血液裡。電影之前，杜邦 PFOA 事件也曾被拍成紀錄片《我們所知的惡魔》（The Devil

We Know），導演史蒂芬妮・索奇蒂格（Stephanie Soechtig）的片名直接點出要害，也更不寒而慄。是的，這個無人不曉的惡魔，就是你家裡的不沾鍋塗層，你多麼熟悉，卻不全然認識；而在這些公害資訊被深掘曝光前，你以為，那只是個鍋子，但其實每日煎炸爆炒送進嘴裡的，不是只有食物，還有那後來總算為世人認識的魔鬼 PFOA，或稱 C8。這幾個簡單的字母，每日毒害你的日常，提前為你打開地獄之門。

　　提前為你打開地獄之門？這位作者陳頭頭先生，是不是應該去檢查一下你的頭頭。這是電影啊，怎麼會天真到把電影當成是真實人生？《黑水風暴》雖然是一部真人真事的電影（一位律師和杜邦公司之間的訴訟），但既然是電影，就難免會加油添醋，移花接木，甚至無中生有來增加戲劇效果。事實上，杜邦公司有對此影片做出回應：1.我們不是，歷史悠久的杜邦公司也從來就不是電影中所描繪的；2.電影中虛構的員工的行為和相關的恐嚇行為完全是編造出來的。如果讀者有興趣知道更多，請看這篇杜邦的澄清，標題是「杜邦對於黑水風暴的回應」[2]。請注意，我跟杜邦公司完全沒有利害關係，也絕沒有要為其辯護的意思。

　　接下來要討論的，是不沾鍋塗層是否真如陳頭頭先生所說的「每日毒害你的日常，提前為你打開地獄之門」。不沾鍋塗

層，就是大家耳熟能詳的鐵氟龍（teflon）。鐵氟龍的製作需要一種表面活化劑，而在 2013 年之前，杜邦公司所採用的表面活化劑就是上面那段文章裡所說的 PFOA。PFOA 是被「國際癌症研究機構」定位為「2B 級致癌物」，也就是「有低可能致癌性」。這一級的定義是「對試驗動物具致癌性，但尚未證實對人體有致癌性」，而 2B 級致癌物裡面，還包括了手機、銀杏萃取物和蘆薈全葉萃取物。

鐵氟龍炊具不會對人類造成危險

美國癌症協會（America Cancer Society）有發表一篇文章[3]，內文提到：**除了因鍋子過熱，吸入煙氣而可能產生類似流感症狀的風險外，鐵氟龍炊具不會對人類造成危險。儘管 PFOA 過去在美國曾用於製造鐵氟龍，但它在鐵氟龍塗層產品中卻不存在（或含量極少）。**

一篇 2008 年發表的論文，標題是「估計消費者接觸 PFOS 和 PFOA 的機會」[4]，也是說消費者接觸到 PFOA 的機會是微乎其微。但是，由於 PFOA 是有不利於健康的隱憂，而它也在生產工廠附近造成汙染，所以在 2013 年杜邦公司已經不再使用 PFOA 來製作鐵氟龍，而在 2015 年後也已經完全停止其生產。

那，既然不能再用 PFOA，杜邦公司又怎麼能繼續製作鐵氟龍呢？答案是用另一種叫做 GenX 的表面活化劑來取代 PFOA。PFOA 的碳鏈長度是 8，而 GenX 的碳鏈長度則是 3，所以 GenX 被認為是會對環境比較友善（較容易分解）。但是，由於環保團體和工廠所在地地方政府的嚴重關切，美國環保署從 2018 年起就一直在蒐集各方意見 [5]。截至目前，美國環保署還沒有裁定是否應該禁止生產 GenX。

不管是 PFOA 或是 GenX，都只是在製作鐵氟龍的過程中使用，但很多個人或團體，包括台灣的消基會，都把鐵氟龍當成是 PFOA 來看待。這就是為什麼含有鐵氟龍的器具會被說成是有毒、會致癌的原因。

事實上，鐵氟龍被廣泛和大量地應用在各個行業，包括航太、電子、醫療、紡織、家電等等。舉凡冰箱、冷氣機、洗衣機、烘乾機、果汁機、咖啡機、電鍋，甚至連直接放進嘴巴的牙線都含有鐵氟龍。那，既然與我們的日常生活如此密不可分，又已經用了六、七十年，為什麼從來就沒有人因此而生病？所以，就日常用品而言，包括不沾鍋，鐵氟龍的安全性是毋庸置疑的。

爽身粉導致卵巢癌？尚無定論

2016 年 11 月，一位好友寄來電郵，標題為：「欺騙消費者！嬌生爽身粉含滑石，證實會致癌。」這是一篇中時電子報的文章，第一段說：「美國密蘇里州一個陪審團週一裁定，嬌生公司須向一位因使用該公司含滑石粉的衛生用品而患癌死亡的女受害者家庭賠償 7200 萬美元。」最後一段說：「爽身粉的顆粒很小，粉塵極易通過外陰進入陰道、宮頸等處，並附著在卵巢的表面，刺激卵巢上皮細胞增生，進而誘發卵巢癌。據有關調查表明，女性長期使用爽身粉，卵巢癌的發病危險增加3.88倍！」

3.88 倍！真的嗎？沒錯，嬌生（強生）公司確實敗訴。但是，它已表明會上訴。所以，案子並未定讞。那，爽身粉真會使卵巢癌的發病危險增加 3.88 倍嗎？事實上，爽身粉是否會增加卵巢癌風險的研究，醫學界已經投入大量人力與經費四十幾年了。但是，一直到今天，結論仍然是「尚無定論」。

不信的話，可以到任何聲譽卓著的醫療機構或協會的網站去看。譬如，美國癌症協會、美國卵巢癌研究基金聯盟、哈佛大學、梅友診所[6]。2016 年 11 月 27 日發表的研究報告，標題是「灌洗、滑石使用以及卵巢癌風險」[7]，更是說，使用滑石粉（爽身粉裡被懷疑會致癌的成分），與卵巢癌的風險增加無關。

　　所以，《中時電子報》所說的「證實會致癌」，不論是在醫學或是法律上，都是站不住腳的。當然，的確是有研究報告說，婦女在下陰部使用滑石粉，會增加卵巢癌的風險。只不過，增加的程度是兩、三成，而不是 3.88 倍。且不管是三成，還是三倍，最重要的問題還是，爽身粉安全嗎？就我所看到的資訊，所有的醫生都是建議「自己決定。如果擔心，就不要用」。補充說明：我在 2020 年 12 月 7 號，到「美國癌症協會」網站查看是否有最新資料，看到那篇滑石粉的文章更新日期為 2020 年 2 月 4 號，但建議維持不變。

 林教授的科學養生筆記

1. 2013 年杜邦公司已經不再使用 PFOA 來製作鐵氟龍，2015 年後也已經完全停止其生產，改用另一種叫做 GenX 的表面活化劑來取代 PFOA

2. PFOA 和 GenX 都只是在製作鐵氟龍的「過程」中使用，但很多個人或團體，包括台灣的消基會，都把鐵氟龍當成是 PFOA 來看待。這是為什麼含有鐵氟龍的器具會被說成是有毒、致癌的原因

3. 爽身粉是否會增加卵巢癌風險的研究，醫學界已經投入大量人力與經費四十幾年了。但是，一直到今天，結論仍然是「尚無定論」

3-6

精準醫學和功能醫學，名詞的濫用與真相

#腫瘤基因組學、微營養素檢測、維他命

2020 年 7 月 2 號，讀者阿光來信：「太離譜了，一直在報這個新聞」，並附上一篇當天發表在《yahoo! 早安健康》的文章，標題是：「你的微營養素補對了嗎？奇美醫院發現：民眾維生素 ACD 缺乏、B 群補充過量。」這篇文章裡有一段是：「為了提供民眾了解自己攝取的微營養素是否均衡，奇美醫學中心在 2017 年成立精準醫療實驗室後積極推動微營養素的檢測，提供『微營養素』檢測，有 9 項維生素及 11 項微量元素。」

「精準醫學」與微營養素檢測無關

所以，我就用「奇美精準醫療實驗室」搜索，立刻發現了當天在《新浪新聞》發表的文章，標題是「精準醫學檢驗，奇美醫院健康管理中心提供『微營養素』檢測」[1]，以及在《健康

雲》發表的文章，標題是「精準醫學檢驗，讓您聰明補充微營養素」[2]。

微營養素檢測、聰明補充微營養素，這就是精準醫學？「精準醫學」這個詞是翻譯自 Precision Medicine，根據美國 FDA 的定義，精準醫學是「根據人們基因，環境和生活方式的差異來制定疾病的預防和治療方法。精準醫學的目標是在正確的時間針對正確的患者進行正確的治療」。

精準醫學，其實是基因組學

美國的 NIH 和 CDC 也都有提供類似的資訊，而美國白宮的檔案裡也有一份文件，標題是「精準醫學啟動」[3]。這份檔案大致上是說，當時擔任美國總統的歐巴馬在 2015 年國情咨文中表示，歐巴馬總統打算提供 2.15 億美元來推動精準醫學，而其短期目標是「擴大癌症基因組學，以便對癌症做更好的預防和治療」。

這份檔案網頁的最上方照片（請見下一頁），就是當時歐巴馬總統在國情咨文演說中的一個鏡頭，而在這個鏡頭裡，除了總統本人外，最顯眼的就是他左手邊的那個「DNA 雙螺旋模型」。所以，毫無疑問的，歐巴馬總統所說的精準醫學就是「基

因組學」，尤其是「腫瘤基因組學」。

照片來源：https://obamawhitehouse.archives.gov/precision-medicine

　　不管是 FDA、CDC、NIH 或是白宮的網站，你都絕對不會看到「微營養素」（micronutrient）這個字，你也絕對不會看到「維他命」（vitamin）這個字。「精準醫學」這個詞大概是在十年前才出現的。可是，「微營養素檢測」（即測量血液裡維他命的濃度）卻已經存在將近百年了。

　　不管是十年或是百年，也不管是真精準還是假精準，「微營養素檢測」真的是很重要嗎？有任何醫學文獻說人人都需要做微營養素檢測嗎？如果有的話，請拿出來，我在這裡先跟您鞠

躬致謝了。至於「聰明補充微營養素」，我就只請讀者看三篇論文的標題和重點：

一、2016 年論文，標題是「補充劑悖逆：微不足道的益處，強大勁爆的消費」[4]，結論是：在過去二十年裡，有關膳食補充劑的研究，不斷地獲得令人失望的結果。而在此同時，膳食補充劑危害健康的證據卻繼續積累。

二、2018 年論文，標題是「維他命和礦物質補充劑：醫生需要知道的事」[5]，結論是：我們提供資訊來幫助臨床醫生解決患者的微營養素補充劑的常見問題，以及促進適當的使用和遏制這些補充劑在一般人的不當使用。重要的是，臨床醫生應該跟他們的病人說，補充劑不能替代均衡的飲食，而且，在大多數情況下，它們幾乎沒有任何益處。

三、2019 年論文，標題是「美國成年人膳食補充劑使用，營養素攝入量和死亡率之間的關聯：隊列研究」[6]，結論是：1. 從食物攝取足夠的維他命 A、維他命 K、鎂和銅與降低死亡率有相關性。但是，如果同樣的營養素是攝取自補充劑，則與死亡率無相關性。2. 從補充劑攝取過量的鈣（大於每天一千毫克）與升高死亡率有相關性。3. 一般人（沒有缺乏維他命 D）每天服用 400 單位維他命 D 補充劑，與升高死亡率有相關性。

最後，我們來看《yahoo! 早安健康》文章標題裡的這句話「奇美醫院發現：民眾維生素 ACD 缺乏、B 群補充過量」，是否正確？台灣衛福部有發表一份「國民營養健康狀況變遷調查（102-105 年）」成果報告[7]，而在〈國人維生素攝取狀況〉這個章節裡，是這麼說：

維生素 A：攝取狀況大致良好，於男女性各年齡層均符合建議攝取量。

維生素 B 群：大致符合建議攝取量。

維生素 C：男性的各年齡層均觀察到高於建議攝取量約 107％ -306％，女性除了 13 － 15 歲及 16 － 18 歲的攝取量僅達 93% 及 99%，其他均高於建議攝取量。

維生素 D：攝取狀況普遍偏差。

所以，在這份全國性的調查報告裡，有關 A、B、C、D 這四大類維他命，有三大類的結論是與奇美的結論有衝突或正好相反。至於所謂的「維他命 D 攝取偏低」，我已經發表約五十多篇文章來徹底探討，也集結成專書《餐桌上的偽科學系列：維他命 D 真相》。所以，我就不在這裡多說了。

功能醫學：真功能，假醫學

讀者 Peter 在 2020 年 9 月詢問：「林教授好，瀏覽您的許多文章令我受益匪淺，也對多商業操作與學術觀點有了新的認識。其中維他命部分，對我的觀念衝擊很大，過去我對補充維他命的觀念是來源於功能醫學的提倡，也在 iHerb 上買了許多商品，因此，想請問教授對功能醫學的看法，謝謝。」

首先我想問，當讀者聽到「功能醫學」（Functional Medicine，FM）這個名詞，是不是有一種蕭然起敬的感覺？但很可惜，正統醫學裡從來就沒有這麼一個科系。史丹佛大學的臨床醫學名譽教授華萊士・桑普森（Wallace Sampson）曾在 2008 年和 2009 年發表兩篇質疑功能醫學的文章。2008 年那一篇的標題是「什麼是功能醫學？無法解讀的胡言亂語和描述性的文字沙拉」[8]。2009 年的標題是「功能醫學，是什麼？」[9]。我把 2009 年那篇的第一段翻譯如下：

什麼是功能醫學？經過廣泛的搜索和檢查，我的答案仍然是──只有「功能醫學」的創建者知道。或者，至少必須假設他們知道，因為據我所知，我當然看不出有什麼能將功能醫學

與其他關於宗派和「補充／替代醫學」實踐的描述區分開。倡導者的假設可能有所不同，因為他們的假設是採用一種或多種未經證實的方法或物質之前發現了身體化學或生理上的「失衡」。根據我的判斷，「失衡」或功能障礙通常是假想的或至少是推測性的。而且一般原則的定義太差，以至於從業者有很大的餘地來採用許多未經驗證的方法。

再來，請您注意讀者 Peter 所說的「過去我對補充維他命的觀念是來源於功能醫學的提倡，也在 iHerb 上買了許多商品」。沒錯，所謂的功能醫學的確就是與維他命和各式各樣的保健品密不可分。事實上，當你打開台灣這家「長安神經內科醫療中心」的功能醫學網頁，立刻就會看到一張配圖，裡面是大大小小七罐 Metagenics 保健品。所以，直截了當地說，功能醫學就是「保健品行銷學」。稍微複雜一點地說，功能醫學包含兩部分。一部份是叫你做各種檢查，然後告訴你有這個病和那個病（例如三高），或缺這個、少那個（例如維他命 D），所以需要買他們的保健品來防這個病、治那個病，或補這個不足、防那個不夠。

說起來實在是既可笑又可悲。功能醫學這個詞是化學博士傑佛瑞・布蘭（Jeffrey Bland）在 1991 年發明的。他先是在 1985

年創立了一家叫做 HealthComm 的公司，然後在 1991 年他靈光一現，在這個公司裡面設置了「功能醫學研究所」（Institute for Functional Medicine）。就這樣，一個全憑豐富想像力創造出來的商業名詞，後來竟然就被一大堆人（包括一大堆醫生），吹捧為可以救世濟人的真醫學。

在 2000 年，HealthComm 和一家叫做 Metagenics 的公司合併，而傑佛瑞‧布蘭則成為 Metagenics 的董事長兼首席科學官。這兩家公司都曾多次被美國聯邦貿易委員會（Federal Trade Commission，FTC）和食藥署調查和處罰。讀者可以參考附錄裡這幾篇新聞，標題分別是 1991 年的「聯邦貿易委員會說不要相信奇蹟飲食和非處方護膚霜」[10] 和「聯邦貿易委員會對欺詐廣告提出訴訟」[11]。1995 年報導，標題是「先前聯邦貿易委員會訴訟案的被告同意支付 45,000 美元的民事罰款以解決指控」[12]。1997 年報導，標題是「Metagenetics 和聯邦貿易委員會解決欺詐廣告訴訟」[13]，2003 年報導，標題是「食藥署給 Metagenetics 的警告信」[14]。2013 年報導，標題是「食藥署給 Metagenetics 的警告信」[15]「食藥署的警告信不允許 14 項 Metagenetics 的產品成為醫療食物」[16]。

從上面這些不良記錄，您應該看得出，功能醫學的確是有撬開您荷包的真功能。至於醫學嘛，則百分之百是假的。

林教授的科學養生筆記

1. 精準醫學是指「基因組學」，尤其是「腫瘤基因組學」，跟維他命或是微營養素檢測毫無關聯

2. 功能醫學就是「保健品行銷學」，會叫你做各種檢查，然後告訴你有這個病和那個病（例如三高），或缺這個、少那個（例如維他命 D），所以需要買他們的保健品來防這個病、治那個病，或補這個不足、防那個不夠

3-7

皮膚炎的謠言：寶特瓶與基因檢測

PET、塑化劑、銻、生理期、皮膚炎、濕疹

「麥擱騙」（MyGoPen）網站的站長在 2020 年 10 月 16 來信詢問：「林教授好，非常謝謝你常常幫台灣民眾解惑。台灣最近正瘋傳這則新聞和訊息，來源是電視節目《醫師好辣》一位醫師的說法。許多民眾紛紛恐慌詢問我們寶特瓶的狀況，想問教授是否可以協助解釋？」

寶特瓶含塑化劑造成皮膚發炎，生理期提早？

站長提供的是一篇 2020 年 10 月 15 號發表在《鏡傳媒》的文章，標題是「寶特瓶當水壺用一年，女童『皮膚發炎流湯』生理期提早」[1]。第二個影片則是 2020 年 10 月 13 號發表在 YouTube，內容是醫療綜藝節目《醫師好辣》的一個單元[2]。在這個四十五分鐘的影片裡，有兩分鐘的時間是腎臟科醫師洪永

祥在講一個媽媽用寶特瓶給女兒當水壺的故事，而這個故事就是《鏡傳媒》那篇文章所報導的。

洪醫師說寶特瓶如果重複使用，裡面所含的塑化劑及重金屬「銻」就會不斷溶解出來，而女童就是因為喝了這種「加料」的白開水長達一年，才會造成皮膚發炎和生理期提早。可是，我查遍醫學文獻，就是找不到有任何相關的臨床案例。也就是說，如果洪醫師所言屬實，而他又能把這個案例趕快發表在一個稍有名氣的醫學期刊，那我們就可以再添一個「台灣之光」。

能不能再添一個台灣之光，最關鍵的當然就是洪醫師所言是否屬實。所以，為了做到勿枉勿縱，我花了兩天的時間搜索和判讀相關資料。寶特瓶的「寶特」是 PET 的音譯，而 PET 是「聚乙烯對苯二甲酸酯」（Polyethylene terephthalate）的縮寫。「塑化劑」的英文是 Plasticizer，而「銻」的英文是 Antimony。所以，我就用這幾個中文和英文名詞來搜索相關資料。然後我反覆比照驗證這些資料，去蕪存菁後篩選出下面這八篇文章和其重點供讀者參考：

一、「泛科學」網站在 2014 年 10 月 24 號發表文章，標題是「PET 食物容器會溶出雙酚 A 嗎？」[3]。這篇文章說：PET 無論在原料端，或是生產過程中，都沒有添加雙酚 A，所以也沒有

溶出的疑慮。PET 酯粒中，剩餘的銻含量大約僅在 100-200ppm 間，且也不是那麼容易就溶出。有關可塑劑溶出的可能性也非常低。原因在於 PET 瓶本身並不需要添加可塑劑，因此 PET 瓶基本上是非常安全、乾淨的。

二、「健康雲」在 2016 年 7 月 21 號發表文章，標題是「寶特瓶底藏密碼，記好這口訣，就能倒滾水重複使用！」[4]。文章說，網路曾傳說，阿聯酋的一名小妹妹因為連續十六個月都使用同一個寶特瓶喝飲料，竟然罹患癌症，經調查後發現，寶特瓶生產過程中不會添加塑化劑，它是安全塑膠容器。

三、《天下雜誌》在 2017 年 7 月 6 號，發表文章，標題是「裝水的寶特瓶可以重覆使用嗎？」[5]。這篇文章說，BBC 報導，根據「英國食品標準局」（Food Standards Authority）與「癌症研究組織」（Cancer Research UK）提供的指導原則，其實重複使用便宜的寶特瓶是 OK 的，因為塑膠裡的化學成份不到有害標準。

四、「三立新聞」在 2018 年 8 月 13 號發表文章，標題是「探／每天都有可能喝到，瓶裝飲料是否有塑化劑？」[6]。這篇文章說：澧食智庫 - 中興大學食品暨應用生物科技學系終身特聘教授周志輝指出，寶特瓶為 1 號 PET 瓶，其實根本不會用到雙酚 A，也沒有塑化劑，民眾可以不用對此感到擔心。

五、《關鍵評論》在 2018 年 12 月 13 號發表文章，標題是「破

除寶特瓶迷思：放在車內的瓶裝水不能喝？飲料沒填滿是偷工減料？」[7]。此文說，國立中興大學食品暨應用生物科技學系終身特聘教授周志輝提到，PET 材質在製程中不會使用到塑化劑，因此民眾可不必擔心瓶裝水或飲料放在車內曝曬後會有塑化劑的溶出。

六、「新頭殼」在 2020 年 1 月 14 號發表文章，標題是「用塑膠容器會吃到塑化劑？食藥署：避開這 5 條件就不用擔心」[8]。這篇說：食藥署說明，並非所有塑膠製品都含有塑化劑，聚對苯二甲酸乙二酯（PET）材質，如寶特瓶，就沒有必要添加塑化劑。

七、Very Well Fit 網站在 2020 年 1 月 27 號發表文章，標題是「我可以重複使用我的塑料瓶嗎？」[9]。這篇文章說，截至 2020 年，尚無確鑿證據表明重複使用 PET 水瓶會增加化學物質滲入水中的風險。PET 已被美國食品和藥物管理局（FDA）、加拿大衛生部、歐洲食品安全局以及全球其他健康與安全機構批准為一次性使用和重複使用的飲料容器。

八、PET Resin Association 發表一篇文章，標題是「PET 後面的科學」[10]。這篇文章說：PET 不含雙酚 A、鄰苯二甲酸鹽、戴奧辛（二噁英）、鉛、鎘或內分泌干擾物。在最極端和不利的測試條件下，已對 PET 瓶裝水中的銻含量進行了大量研究。尚

未有研究在 PET 瓶裝水中發現有毒的量。世界各地的衛生機構已經確認，這些很小的量（平均不到 1 ppb）對健康沒有影響。

　　除了上面這些資料之外，我手中還有很多其他資料，這些資料也都表示寶特瓶並不含塑化劑，也不會溶出有毒劑量的銻。所以，洪醫師所言並非屬實。後記：這篇文章發表後，那個「醫師好辣」的影片已經下架。

異位性皮膚炎基因檢測，台灣技術世界第一？

　　有位讀者在 2020 年 10 月 7 號寄來很長的電郵，重點如下：「我女兒在一家著名的診所出生，被推銷做了上萬元的新生兒基因檢測。報告出爐，說她是異位性皮膚炎高風險，要趕快掛該診所的皮膚科，因為嬰兒需要特別照顧。我自己是研究生畢業（博士），仔細看了報告，實在看不出這結論是如何得出的。再上網細查，發現檢測公司其實跟診所是同一個老闆，都是蘇××醫師。這個檢測好像只有這家公司在做，我懷疑它是蘇醫師拿來斂財用的，畢竟測不準沒發病也沒有人會抱怨，大家反而會感謝醫師衛教得當。」

異位性皮膚炎的英文是 Atopic Dermatitis，中文俗稱濕疹（Eczema）。所以，我就用這幾個名詞做搜索，然後仔細閱讀所有比較值得信賴的資訊，例如來自皮膚科診所、皮膚科醫學會、異位性皮膚炎協會等等。我當然也到公共醫學圖書館 PubMed 搜索並閱讀相關的醫學論文。我現在把這些資訊長話短說如下：

美國的「國家健康研究院」（NIH）在 2020 年 8 月 14 發表了一篇文章，標題是「NIH 支持的科學家展示了遺傳變異如何導致濕疹」[11]，副標題是「這一發現可以發展成基因檢測，從而找到患此病風險的嬰兒」。從這個副標題就可看出，在正統醫學領域裡，「異位性皮膚炎基因檢測」目前還只是在研究階段。

有關「異位性皮膚炎基因檢測」的研究，在 2019 年和 2020年各有一篇綜述論文。所謂「綜述論文」（Review），就是把已經發表過的相關研究做整理和回顧的論文，所以這類論文可以讓我們看到全面的相關研究。再加上這兩篇論文都是最新的，所以它們也就更能夠讓我們看到既新又全的資料。

2019 年論文，標題是「異位性皮膚炎的遺傳學：從 DNA序列到臨床相關性」[12]。這篇論文在結尾說，異位性皮膚炎的遺傳學研究有希望發展成常規的臨床照護。由此可見，在正統醫

學領域裡，「異位性皮膚炎基因檢測」的臨床應用還只是一件未來的事情。

2020 年論文，標題是「異位性皮膚炎的遺傳學和表觀遺傳學：最新的系統性回顧」[13]。這篇論文說，目前已知與異位性皮膚炎相關的基因至少有六十二個。由此可見，「異位性皮膚炎基因檢測」不會是一件容易的事。

儘管上面這些資料已經顯示目前正統醫學裡並沒有「異位性皮膚炎基因檢測」這個項目，但為了做到勿枉勿縱，我還是用 Atopic Dermatitis genetic testing 做搜索，看能不能搜到在美國也有做這種檢測的公司，但結果是零。有一種可能性，那就是由於尚在研究階段，所以這種檢測是不會被美國 FDA 批准的。

我也用「異位性皮膚炎基因檢測」做搜索，結果不出所料，搜到非常多有關那家蘇醫師所開設公司的資訊。比較意外的是，我還看到一家台灣的基因科技公司和一家台灣的診所也表示他們有在做這項檢測，只不過這兩家似乎沒有獲得太多關注，不像蘇醫師所開設的那家公司受到那麼多的吹捧和追捧。不管如何，我常聽同胞說台灣的醫療水準是世界一流的。果然，這個「異位性皮膚炎基因檢測，台灣第一」的事實，又再次令我這個遠渡重洋來美取經的書呆子感到既慚愧又佩服。

林教授的科學養生筆記

1. 目前所能查到的科學資料，都顯示寶特瓶並不含塑化劑，也不會溶出有毒劑量的銻

2. 根據 2019 和 2020 年的論文，目前在正統醫學領域裡，「異位性皮膚炎基因檢測」的臨床應用還只是一件未來的事情，也沒有「異位性皮膚炎基因檢測」這個項目

3-8

逆轉失智症，到底有多難

＃阿茲海默症、掠奪型期刊、Donanemab

2020 年 11 月 10 號，讀者 Liz 問我：「教授好，我的母親受到阿茲海默的侵擾已幾年，覺得她的狀況越來越不好。今天剛好看到這篇文章，不知道能不能靠著這篇文章嘗試看看……有點想要死馬當活馬醫試試看。教授可以給我建議嗎？」

逆轉老人失智，死馬當活馬醫？

讀者提供的文章是一篇 2016 年 7 月 6 號，發表在《健康遠見》的文章，標題是「如何逆轉老人失智症（阿茲海默症）？」作者是史考特醫師（本名王思恆）。他在第一段裡說：「目前為止我們對阿茲海默症尚沒有有效的療法。藥物儘管能改善相關症狀，卻無法治療失智症本身。但是在 2014 年，有一位加州大學的學者 Bredesen，竟然宣稱失智症可以被逆轉……」

　　史考特醫師還很暖心地提供了一份十四點的治療內容（包括吃維他命 D 和 B12、魚油和 Q10），但這份治療內容其實是史考特醫師自己整理出來的，而非正式的。「正式的」治療方案非常複雜，且是需要花大錢購買的（下面會解釋）。但是，很顯然，史考特醫師的這份治療內容卻讓讀者 Liz 誤以為可以拿來死馬當活馬醫。

　　史考特醫師所說的「加州大學的學者 Bredesen」是加州大學洛杉磯分校的教授戴爾‧布雷德森（Dale Bredesen），而他的確是在 2014 年很不尋常地單獨一個人發表了一篇臨床研究報告。我之所以會說「不尋常」，是因為臨床研究通常是需要大量的人力和資金，很難由一個人完成。

　　這篇論文的標題是「逆轉認知功能下降：一項新的治療計劃」[1]。值得注意的是，這篇論文是發表在一個叫做《老化》（Aging）的期刊，而此一期刊是被認定為「掠奪型期刊」（Predatory Journals）。補充：關於掠奪型期刊的騙術，我在《餐桌上的偽科學 2》93 頁有解釋過。還有，儘管這篇論文在公共圖書館 PubMed 是被歸類為「臨床研究報告」，但事實上它是以十個案例報告為主要內容的綜述論文。這種夾帶式的論文是絕對不會出現在嚴謹的期刊。

　　要知道，**一篇好的「臨床研究報告」是需要有很嚴格的實**

驗控制，例如隨機分配及雙盲，但是，「案例報告」則完全不需要控管，所以可信度並不高。事實上，布雷德森醫生所聲稱的那十個案例，完全只是他個人的描述，並沒有經過任何審核或認證。因此，這篇論文在發表之後不久就遭到質疑。

不管如何，這篇論文有特別強調此一治療方案是「個人化的」以及「持續優化的」。也就是說，治療方案的內容是根據每一個病患的情況而定，而且是會隨時調整。所以，縱然是要「死馬當活馬醫」，史考特醫師所提供的那份十四點治療內容也是無濟於事。

事實上，布雷德森醫生在 2016 年又在《老化》這個期刊發表了一篇同樣是十個案例的報告，而這次的標題是「逆轉阿茲海默病中的認知功能下降」[2]。然後在 2018 年他又發表了一篇論文，標題是「逆轉認知功能下降：一百位病患」[3]。

「一百位病患」雖然不是很多，但已經是個值得尊敬的數字。可是，讓我百思不得其解的是，這篇論文竟然是發表在《阿茲海默病與帕金森病期刊》（Journal of Alzheimer's Disease & Parkinsonism）。這個期刊不但是「掠奪型」，而且根本就沒被公共圖書館 PubMed 收錄。更讓人吃驚的是，這個期刊的發行社因欺詐性商業行為（包括對期刊的合法性誤導作者），在 2019 年被美國聯邦貿易委員會罰款五千萬美元[4]。

　　布雷德森醫生在 2017 年也發表了一本書《阿茲海默的終結》（The End of Alzheimer's）。這本書除了躍進暢銷書排行榜，賺了很多錢之外，當然也在推銷布雷德森醫生的治療方案。事實上，這個方案是已經商業化，由一家叫做 Apollo Health 的公司帶頭在販售，而布雷德森醫生就是這家公司的首席科學官[5]。這個治療方案光是入門就要數千美元，然後還有種種後續費用，包括月費和在線支持費。

　　這個治療方案由於是量身訂做的，所以看起來複雜無比，但其實它只不過就是一種所謂的「功能醫學」，也就是叫病患做一大堆健檢，吃一大堆補充劑（請看本書 195 頁）。因此，它已經被幾位醫生嘲諷和批評。為了節省篇幅，我就只提其中一位。

　　我工作的母校加州大學舊金山分校有一個研究單位叫做「記憶和老化中心」（Memory and Aging Center）。這個中心的一位教授喬安那·海默斯（Joanna Hellmuth）2020 年 5 月在頂尖的期刊《柳葉刀神經學》（Lancet Neurology）發表一篇評論，標題是「我們可以相信阿茲海默的終結嗎？」[6]。喬安那·海默斯醫生從頭到尾徹底分析了布雷德森醫生的三篇論文和那本書，然後在結尾說：「經過仔細檢查會發現支持布雷德森治療方案的科學研究是有很多問題。迄今為止，證據尚不支持其預防和逆轉認知能力下降的主張。面對無法治癒的疾病，希望是重要的，

而直覺的干預可能是會令人信服。 但是，沒有科學支持的干預措施在醫學、道德或財務上都不是良性的，尤其是當其他各方可能會得到好處時。」

其實，「在醫學、道德或財務上都不是良性的」是客套話。哈利葉‧霍爾（Harriet Hall）醫生說得就比較直接：「布雷德森醫生的治療方案只是炒作和花言巧語的行銷」[7]。補充說明，專門報導醫療糾紛的 Kaiser Health News 在 2020 年 12 月 17 號發表一篇文章，標題是「阿茲海默公司：同事質疑科學家防止記憶力減退的昂貴食譜」[8]。這個標題裡的「科學家」指的就是布雷德森醫生，文章裡有一段這麼說：但同事們對他進行商業推廣一種未經證實且昂貴的療法持批評態度。他們說，他依靠患者的軼事報告，而不是透過嚴格的研究提供證據，從而偏離了建立已久的科學規範。

為什麼阿茲海默症新藥成功，股票卻大跌？

2021 年 3 月 13 號，美國各大媒體都在報導一則阿茲海默症新藥試驗成功的消息，例如 CNN 發表的文章「早期結果表明，實驗性阿茲海默症藥物可減緩患者的認知功能下降」[9]。我本來想立刻發表文章來介紹這個新藥，但進一步了解這個新藥的優

缺點之後，打消念頭。

三天後，我發表「補充膽鹼有助於預防阿茲海默症？」，指出有人建議用膽鹼補充劑來預防阿茲海默症，但那卻是過度樂觀解讀一項初步研究。然後，我就想到，之所以會出現這種錯誤解讀，是因為過度天真看待阿茲海默症。所以，我就決定用這個「成功」的新藥試驗，來讓大家見識一下，要預防或治療阿茲海默症，是談何容易。

這個臨床試驗是 2021 年 3 月 13 號，發表在頂尖的《新英格蘭醫學期刊》，標題是「Donanemab 用在早期阿茲海默症」[10]。Donanemab 是「禮來公司」（Eli Lilly）研發的新藥，這項研究是它的第二期臨床試驗。在研究報告發表的當天，知名的醫療網站 WebMD 就發表文章，標題是「新藥可以幫助緩解阿茲海默症嗎？」[11]。它說：「臨床試驗結果顯示，用突破性的實驗藥物治療後，約有七成的阿茲海默症患者的大腦斑塊完全被清除。這種斑塊是該疾病的標誌。目前沒有其他藥物能如此有效地清除這種斑塊。由於效果是如此之好，超過一半的病患在試驗都還沒結束前就已經停止用藥。因為既然已經沒有斑塊，就再也沒有繼續給予治療的意義了。該藥也顯著減緩了患者的大腦衰退。」

是不是很了不起？可是，在這項研究發表之後的禮拜一（2021 年 3 月 15 號），股市一開盤，禮來公司的股票就大跌

10%。這是什麼道理？這項研究是把療效分成「主要結果」和「次要結果」兩大項。主要結果是用「綜合阿茲海默症評分表」（Integrated Alzheimer's Disease Rating Scale，簡稱 iADRS）來測定，而次要結果則是用五種不同的方法來測定（其中四種是功能性的測驗，剩餘一種是大腦斑塊的測定）。

主要結果測定所用的 iADRS 是分數越低，病患的認知和功能障礙就越嚴重（分數範圍是 0 到 144）。參與這項研究的病患在治療前的平均分數是 106，而在接受 Donanemab 或安慰劑治療 76 週之後，分別下降 6.86 和 10.06。所以，儘管都是繼續惡化，但就統計學而言，Donanemab 是顯著地減緩了患者大腦的衰退。在次要結果的鑑定中，除了大腦斑塊之外，接受 Donanemab 治療的病患並沒有比接受安慰劑治療的病患有更好的表現。也就是說，就次要的大腦功能而言，Donanemab 並沒有療效。

所以，總結來說，Donanemab 能非常有效地清除斑塊，也能減緩主要大腦功能的衰退，但卻不能減緩次要大腦功能的衰退。不過，事實上，所謂的「減緩主要大腦功能的衰退」也只是比安慰劑好一點點（Donanemab 是從 106 下降 6.86，而安慰劑是從 106 下降 10.06）。

這樣的結果，雖然是比過去的研究來得好，但華爾街卻不

買帳。例如，投資網站「彩衣傻瓜」（The Motley Fool）就發表文章，標題是「為什麼禮來公司成功的阿茲海默症研究如此令人失望」[12]。這就是為什麼禮來公司的新藥在試驗成功之後，股價反而大跌。

　　我已經發表了五十多篇跟失智症有關的文章，一而再再而三地強調，失智症（尤其是阿茲海默症），是非常複雜難解的綜合症，是絕無可能用什麼保健品就能預防或治療的。可是，普羅大眾就偏偏愛聽信保健品的推銷，以為吃了什麼仙丹神藥就能百病不侵，藥到病除。想想看，多少大藥廠是花了大把大把的鈔票（我猜至少幾十億美金），前仆後繼，但直到現在，連號稱最成功的新藥，療效也只不過如此。那你還要繼續相信吃了什麼維他命營養素就能預防阿茲海默，就能減緩失智嗎？

 林教授的科學養生筆記

1. 一篇好的「臨床研究報告」是需要有很嚴格的實驗控制，例如隨機分配及雙盲，但是，「案例報告」則完全不需要控管，所以可信度並不高

2. 失智症（尤其是阿茲海默症），是非常複雜難解的綜合症，絕無可能用什麼保健品就能預防或治療的

Part 4

保健食品辨真偽

近年已經有數百篇維他命補充劑和保健食品不僅無用,反而有害的論文報告,發表在各大頂尖期刊,但絕大部分的消費者還是繼續浪費金錢而非選擇均衡飲食

4-1
鹿胎盤幹細胞的直銷大騙局

\# PURTIER PLACENTA、胎盤、老鼠會

讀者鄧先生在 2019 年 8 月 18 號來信詢問:「最近有人建議我買一種健康食品給中風的父親吃,品名是 PURTIER PLACENTA。產品說是取自紐西蘭鹿胎盤活細胞製成的膠囊,可是我想產品到胃裡,活細胞不也是一樣被胃液分解,怎麼會有效果?雖然業務員一直強調產品是唯一證實能安全有效地逆轉老化過程的方法,我很疑惑。拜讀大作《餐桌上的偽科學》恍然大悟,於是發信請教,謝謝您!」

能治百病的鹿胎盤幹細胞?毫無根據

由於這位讀者表明「恍然大悟」,所以我只回信跟他說聲謝謝。可是五天後,另一位署名林小姐的讀者也來問這款產品,我才決定撰寫這篇文章。說起來還真好笑,事實上我在 2018 年

5月就已經「親身」見識過這款產品。當時我在台北國賓飯店與友人共餐，被問到一些幹細胞的問題。隔桌的一位女士聽到後就過來搭訕，她遞上名片，表明她是在經銷一款能治百病的鹿胎盤幹細胞產品，問我們有沒有興趣購買。友人就跟她說：「你踢到鐵板了，這位林教授是世界級的幹細胞權威」。（不好意思，必須先跟讀者說明，我在幹細胞領域發表超過六十篇論文，擁有三項美國專利，一項台灣專利，以及擔任數十家醫學期刊的評審，包括排名第一的《新英格蘭醫學期刊》）

好，我們現在來看看這款產品的相關資訊。首先，儘管這款產品聲稱能治百病（包括癌症、中風、高血壓、糖尿病、失智、性無能、不孕症、帕金森、眼疾、腎臟病、神經麻痺、憂鬱症、關節炎、禿頭等等等），但是，醫學文獻裡卻是連一篇相關研究都沒有，更不要說是什麼碗糕幹細胞了。所以，我也就只能很無奈地提供幾篇相關的官方報導及新聞。

在 2018 年 3 月 12 號，有兩家媒體同時報導一則阿拉伯聯合大公國衛生部所發布的警告。《海灣時報》（Khaleej Times）那篇文章的標題是「阿拉伯聯合大公國部門發出針對鹿胎盤『神奇藥物』的警告」[1]。《海灣新聞》（Gulf News）那篇文章的標題是「警告：鹿胎盤萃取物對人體有害」[2]。我把這兩篇文章的要點整理和翻譯如下：

衛生部周一警告人們有關 PURTIER PLACENTA 的風險。該部助理副部長 Amin Hussain Al Amiri 博士表示，該產品製造商所提出的用於治療人類疾病的說法是不道德和誤導的，並且會給社區帶來很大的健康風險。他補充說，透過社交媒體銷售此類產品，並且沒有任何臨床試驗支持的非科學主張是有風險的。

在 2018 年 5 月 30 號，菲律賓的 FDA 發布一份警告，標題是「公眾健康警告反對未經批准和誤導性的廣告以及從互聯網上各種網站監控的 PURTIER 鹿胎盤食品補充劑的推廣」[3]。我把此文要點整理和翻譯如下：

特此警告公眾，PURTIER 鹿胎盤是一種註冊的食品補充劑，因此它不具有任何預防或治療的功效。該產品在互聯網上所做的虛假聲明並未獲得 FDA 正式批准。

在 2018 年 11 月 29 號，英國的《鏡報》(Mirror)發表文章，標題是「鹿胎盤老鼠會行銷和宣稱藥物的推動者可以幫助四期癌症」[4]，副標題是「新加坡 Riway 公司的招聘人員對他們的產品提出了一些驚人的主張」。

在 2019 年 6 月 10 號，新加坡的《海峽時報》（The Straits Times）發表文章，標題是「衛生科學局警告總部位於新加坡的 Riway 停止癌症治療的虛假聲稱」[5]。我把此文要點整理和翻譯如下：

衛生科學局（Health Sciences Authority，HSA）警告一家總部位於新加坡的公司不要製造虛假和誤導性聲稱其健康補充劑產品可以治療或治癒癌症。HSA 表示，它「強烈建議」公眾要警惕該產品有關活細胞療法的主張。HAS 進一步說明，沒有科學證明口服幹細胞可以預防或治療疾病，而且口服幹細胞是會被胃腸的消化酶破壞的。

後續讀者回應

以上文章發表之後，回應熱烈，陸續收到好幾位讀者的留言，我也把回應收錄如下。

讀者 jack shen：「教授你救了很多人，感謝你，經過證明，此產品並無法證明提取的是幹細胞，只是利用幹細胞的名義唬弄過關，不可取。科技日新月異，希望真的能夠期待平價幹細胞的來臨，造福社會大眾。」我的回應：「我自己有幹細胞的專

利，也做了許多證明有效的臨床試驗，但是礙於法令，要上市卻是困難重重。也就是說，市面上的幹細胞產品都是非法的。」

讀者 Lu Kent：「教授，謝謝你寫這篇文章，我對這種東西都一直抱著強烈懷疑的態度，最近接觸很多這家公司的人，看過許多見證，我還是不信。」我的回應：「其實分辨真假很簡單：凡是用見證做推銷的，都是假的。我從沒看過例外。」

讀者 Wei：「謝謝教授寫了這篇文章，我最近被身邊的親朋好友推銷，也是抱持著懷疑的態度，還翻遍了網路上的許多資訊和文章，真的很謝謝教授，看了之後獲益良多。」我的回答：「這篇文章發表後每天的點擊率都是我這個網站的第一名，可見得這款神藥有多夯。」

 林教授的科學養生筆記

1. 新加坡的衛生科學局 HSA 表示，沒有科學證明口服幹細胞可以預防或治療疾病，而且口服幹細胞是會被胃腸的消化酶破壞的

2. 再次強調，沒有任何正規的幹細胞治療是用吃的。細胞一旦被吃進肚子，就會被消化分解，不會有任何功能

4-2
奇蹟海參與國寶牛樟芝的查證

#類風濕性關節炎、癌症、菌絲體、子實體

讀者賴先生在 2020 年 9 月來信詢問:「林教授您好,非常佩服您以科學的態度,實事求是的求證醫學與健康議題。近來家人問及海參能治療癌症與免疫系統的疾病(類風濕性關節炎)的傳聞,甚至有膠囊包裝的海參萃取物銷售(商業騙術?)我從教授的網站沒有查到類似資訊,請教授撥冗指教。」

奇蹟海參療癌的真相

讀者附上了一段 2015 年 2 月 12 發表的 Youtube 影片,標題是「『奇蹟』海參用於治療癌症("Miracle" sea cucumber used to treat cancer)。我再次提醒讀者一個概念,每當你看到任何一個標榜「奇蹟」的健康資訊時,就可以百分之百確定它本身就是奇蹟,例如我在拙作《餐桌上的偽科學》234 頁解說過的「褪黑激

素奇蹟療法」。讀者提供這支影片是福斯新聞（FOX NEWS）旗下一個叫做「健康的你」（A Healthy You）訪談節目的片段。這個節目在 2013 年 9 月 7 號播出第一集（每週六播出），2015 年 2 月 28 號播出最後一集。也就是說，在短短一年四個月，同時也是這個奇蹟海參影片播出之後兩周，這個訪談節目就宣告壽終正寢。

這個節目的主持人卡羅‧雅特（Carol Alt）是名模特兒，自稱養生專家，卻毫無醫學背景或訓練。她訪問的來賓名叫提‧博林格（Ty Bollinger）。這位先生在大學時主修會計，但後來卻搖身一變，成為醫學專家。他成立了一個叫做「癌症真相」（Cancer Truth）的網站，並且發表了四本有關癌症的書，專門提供毫無科學根據的醫療資訊，例如「酸性體質會得癌」。

可笑的是，儘管創造「酸鹼邪說」的羅伯特‧楊（Robert Young）早在 2018 年就鋃鐺入獄（請看《餐桌上的偽科學》264 頁），這位博林格大師卻還在繼續推銷這個不知害死多少人的邪說。他也製作了一支叫做「關於癌症的真相」（The Truth About Cancer）的紀錄片，但馬上就遭到質疑。請看這篇澄清文章，標題是「關於癌症的真相？不要輕易被影響」[1]。

好了，我們現在可以來討論海參之用於治療疾病，但首先我想先請讀者思考一個問題。根據《國家地理雜誌》這篇文章[2]，目前已知的海參品種是大約有 1,250 種。那，當你聽到博林格大師在說海參能治癌，或能創造什麼奇蹟時，你怎麼知道他

所說的是哪一種海參？不管如何，用海參（Sea Cucumber）當關鍵字搜索公共醫學圖書館 PubMed，可以搜到四篇臨床研究。其中兩篇是出自中國大陸，主題是關於阿茲海默症的研究，使用中文發表在中國的醫學期刊。另一篇出自馬來西亞大學的牙醫學院，主題是用添加了海參萃取物的牙膏來控制牙齦發炎。最後一篇出自日本，主題是用海參膠質來控制口腔念珠菌的數目。可以預期的，這四篇論文都是說有效。但是真是假，讀者應該有能力判斷吧。

紀念斯隆凱特琳癌症中心（Memorial Sloan Kettering Cancer Center）是頂尖的癌症研究和治療機構。他們的網站提供了非常詳盡的海參資訊，而且特別列舉五種常見的海參用途，我把此文翻譯如下[3]：

1. 關於癌症治療：實驗室實驗表明，源自海參的皂苷成分可能通過抑制新血管的形成而具有抗腫瘤作用。尚未在人類中研究這種作用。

2. 關於長壽：海參被用於中藥以延長壽命，但是尚無臨床數據支持這種用途。

3. 關於陽痿：儘管中藥中的海參曾用於治療陽痿，但尚無臨床數據支持這種用途。

4. 關於關節痛：海參含有豐富的軟骨素，而軟骨素顯示對骨關

節炎有效。

5. 關於頻尿：海參在中藥中用於治療泌尿系統疾病。但是，缺乏支持這種用途的臨床數據。

所以，這份資訊就只有對關節炎給予正面評價。但問題是，市面上有數都數不清的軟骨素保健品產品。那您想想看，「含有豐富軟骨素的海參」會勝過百分之百的軟骨素嗎？果真如此，那還真是奇蹟。

牛樟芝，效果分析

在 2018 年 7 月，有位讀者林先生來信：「偶然看到您的網站，覺得您無比正派且強調事實與數據的精神，令人佩服。近期因為被業務親戚推薦了牛樟芝衍生產品，說是椴木養殖子實體所製成，價格也是非一般人可以輕易負擔的。講到療效那更是滔滔不絕。因此勾起我的興趣，搜尋了些網路文章和報導，但都是捧高的部分居多。在此想藉機會了解專業人士對於牛樟芝或是諸如此類中藥材產品的見解，非常感謝您對偽科學和偽醫學的打擊。」

牛樟芝，顧名思義，就是長在牛樟的芝。牛樟是珍貴林

木，又只生長在台灣，所以是國寶；牛樟芝是珍貴藥材，只寄生在牛樟，所以也是國寶。只不過，身為國寶難免就有負擔，那就是牛樟會被山老鼠盜伐，牛樟芝則會被商老鼠濫賣。

根據台灣食藥署在 2017 年 2 月 22 號公布的牛樟芝食品業專案稽查結果[4]，在 105 年 11 月至 106 年 1 月間，食藥署會同十六縣市衛生局稽查了六十三家牛樟芝食品業者，結果發現兩點，一是有二家業者之原料未核備，而其相關產品計八件（共四點五萬瓶）已被勒令暫停販售；再來是在一百零三件產品中，有五十一件被查出標示不符。

關於「原料未核備」的問題，最嚴重的應該是沒有提供「毒性試驗報告」。這是因為，在高劑量使用下，牛樟芝曾被發現具有毒性及會導致細胞病變。所以，在使用牛樟芝為原料時，業者應具備其詳細製造過程、規格及九十天餵食毒性試驗報告，於上市前送衛福部備查。

至於「標示不符」的問題，最常見的就是將「菌絲體」產品標識為「子實體」。由於這兩者之間的價差是一百五十倍（菌絲體每公斤二千元台幣起跳，子實體每公斤三十萬元起跳），所以，縱然明知違法，業者還是趨之若鶩。補充，有關菌絲體和子實體之培育，請看蘇慶華教授 2013 年發表的「台灣特有國寶牛樟芝」[5]。

　　根據一篇 2016 年 1 月 10 號發表的文章[6]，目前市面上 80% 的牛樟芝產品是人工液態培養的菌絲體（即成本最低的培育法）。另外根據一篇市場分析[7]，不肖業者會用香杉木、栯樟、福杉、相思樹等其他樹木來培育牛樟芝子實體。所以，縱然是子實體產品，也不見得就是從牛樟木長出來的，而其藥理成分當然也就妾身不明，甚至可能有害。根據一篇食藥署的問答集[8]，以香樟木培養之牛樟芝，食用後會有頭暈及上顎牙床、後頸部麻痺現象。所以，消費者可能會花大錢買健康，卻反而惹病上身。

　　好，以上是將牛樟芝的「商業問題」做個簡單介紹。下面我們來看看牛樟芝的「科學問題」。由於牛樟芝是台灣特有，所以，相關科學研究全都是出自台灣，而又由於牛樟芝的商機龐大，所以大量研究報告是出自產品製造商。在這種情況下，根據我三十多年從事醫學論文評審的經驗，合理的懷疑是有必要的。

　　不管如何，目前有關牛樟芝的論文超過三百篇，但是，只有兩篇是臨床研究。2015 年發表的那一篇只是在測試一個化學成分「安卓奎諾爾」（Antroquinonol）的安全劑量，所以，它與療效無關[9]。2016 年發表的那一篇論文[10]是在測試菌絲體萃取物是否能延長癌症病患的生命，而其結果是：服用安慰劑的病患整體存活率是 5 個月，服用萃取物的病患則是 5.4 個月。所以，牛樟芝的醫療保健功效，就動物及細胞實驗而言，的確是煞有

其事。但是，就人體實驗而言，目前尚無證據。

後續讀者回應

　　此文發表後，讀者 Tony 留言詢問，摘錄如下：請問一下，我看到某牛樟芝廠商有提供具有台灣、中國大陸、日本的化療恢復功效專利證書，專利證書上的發明名稱是「牛樟芝子實體萃取物用於改善化療副作用之用途」。是否可以理解為，此產品對於化療恢復具有功效，但是尚無食藥署所認證的療效證明？功效和療效是不同的涵義嗎？謝謝。

　　我的回答：專利證書只能確認發明，不能確認療效。只有食藥署才能確認療效。但是，因為牛樟芝是保健品，所以不會有療效證明。專利只是確認「發明」，與「功效、療效」毫不相干。食藥署不會發「功效」或「療效」的證明給保健品。功效或療效的證明，必須通過三期的臨床試驗才拿得到。

 林教授的科學養生筆記

1. 關於海參的號稱療效，目前都尚無可信的證據
2. 牛樟芝的醫療保健功效，就動物及細胞實驗而言，的確是煞有其事。但是，就人體實驗而言，目前尚無證據

芝麻素與穀維素，吹捧與現實

#睡眠、護髮、糙米、抗老化

讀者楊先生在 2020 年 9 月來信：「最近家人開始服用日本保健品三得利芝麻明（廣告打很大），說真的感覺有幫助睡眠的功效。搜尋了一下，除了廣告性質的網站，沒有什麼資料談到芝麻素。以下網站勉強有些資料，但仍很難瞭解芝麻素到底有沒有學術上的研究成果可以佐證。想請教授幫忙從醫學的角度來看以下四個宣稱的效果，謝謝！」

芝麻素效果，證據薄弱

讀者附上了四個網路連結，第一篇是是營養師呂孟凡在 2017 年 12 月 31 號發表的文章，標題是「芝麻素真的可以幫助睡眠嗎？」。另外兩篇是發表在「早安健康」的文章。一篇是 2015 年 7 月 1 號發表，標題是「芝麻素，抗老化的超強生力

軍！」，另一篇是 2020 年 2 月 29 號發表，標題是「芝麻素可以吃芝麻攝取嗎？降膽固醇、護心肝……芝麻素功效一次瞭解」，而這兩篇的作者掛的都是「早安健康編輯部」。

營養師呂孟凡在他的文章裡說：「使用芝麻素及睡眠這兩個關鍵字搜尋到的文獻不多，且真正是在講芝麻素與睡眠的只有一篇（Ref 2）」，結論裡他說：「目前關於芝麻素及睡眠，能搜尋到的直接證據相當薄弱，雖然上述文獻中看起來的確芝麻素對睡眠有所助益，但是以填問券的方式做研究其實不能說是非常客觀，而且只有一篇，不足以下強而有力的結論。反觀大家常見的廣告，已經把芝麻素可以幫助睡眠講得天花亂墜。」

我看過很多營養師寫的文章，還是第一次看到沒有助紂為虐，幫保健品吹噓的。事實上，用芝麻素的英文 sesamin 搜索公共醫學圖書館 PubMed，只能搜到八篇臨床試驗的論文，而其中只有三篇是純研究芝麻素的。例如營養師呂孟凡所說的那篇論文就不是純研究芝麻素，而是研究「芝麻素＋維他命 E」複方[1]。還有，大多數有關芝麻素的論文是發表在低水平的期刊，例如前面那篇論文，就是發表在《健康科學環球期刊》（Global Journal of Health Science），而這個期刊的影響因子（Impact Factor）是可憐到欲哭無淚的 0.82。

　　這篇論文出自日本的三得利公司，而讀者楊先生所說的「芝麻明」就是三得利公司的產品。所以，芝麻明廣告裡所講的種種功效，到底有幾分可信，應當不需要我明說了吧。至於讀者楊先生提出的其他三個問題，我的回答如下：

　　問題一：細胞有修復與再生能力，補足遭到破壞的部份。身體會產生抗氧化酵素，協助消除自由基？答：這些所謂的功效就只是在實驗室裡做出來的，例如用培養的細胞。人體實驗是不可能的。

　　問題二：芝麻素可降血脂、實驗室內可抗癌？答：有一篇2014 年發表的論文，標題是「多種膳食補充劑對代謝和心血管健康沒有影響」[2]。此文結論是，包括芝麻素在內的多種補充劑對血脂沒有影響。至於抗癌，既然已經說是「實驗室內」，就表示是沒有臨床證據。

　　問題三：芝麻素的抗氧化能力超越維生素 E？答：抗氧化能力超越維生素 E，並不是什麼了不起或值得高興的事。事實上，不論是維他命 E 補充劑，還是抗氧化補充劑，都可能是有害無益。關於抗氧化劑不能大量攝取的問題，請複習《餐桌上的偽科學》123 頁。

穀維素的吹捧與現實

　　讀者 Regent 在 2020 年 10 月詢問：「林教授，您之前文章說明了芝麻素，但我又看到了穀維素，這真的幫助入睡和維持秀髮亮麗動人嗎？我查了一下，WebMD 對於穀維素沒有太多說明，可能我看的資料不夠多，想問您的專業的意見。」

　　如這位讀者所說，我在上段文章裡，說了芝麻素被吹捧的種種功效，包括被吹得最厲害的幫助睡眠，都是證據非常薄弱，甚至是毫無證據。這位讀者寄來的第一個連結是一家所謂的生物科技公司販售產品的網頁 [3]。這個產品的盒子上是一些日文，還有芝麻素三個中文字。網頁上有說產品特色是「芝麻素：幫助安神入眠」，以及「生物素：維持秀髮風采」。補充：很多所謂的生物科技公司其實只是在賣保健品。

　　讀者寄來的第二個連結，是一位叫做柳幼幼的人，在痞客邦部落格推薦上面那款芝麻素產品。她在文章標題上有說芝麻素幫助入睡以及生物素來維持秀髮亮麗健康。由此可見，這個產品所聲稱的幫助入睡，是芝麻素的功效，而它所聲稱的維持秀髮亮麗健康，則是生物素的功效。

　　穀維素，顧名思義是源自穀類，更精確地說是源自稻米。

有關這個成分，那家所謂的生物科技公司這麼說：「盛行於日本、韓國的營養素，調整體質、幫助身心放鬆舒緩，受到熟齡婦女及上班族的歡迎」。但是，我查遍醫學文獻，就是找不到有關於調整體質或幫助身心放鬆舒緩的研究。

這還不打緊，電視綜藝節目《健康 2.0》更在 2020 年 8 月 4 號說：「研究發現，穀維素具有調節自律神經的效果，也可用於緩解更年期徵狀、腸躁症、改善緊張不安及憂鬱等身心狀態。……能避免重金屬中毒，進而保護腸黏膜不被破壞。在一些研究報告便顯示它對於腸躁症有很大的改善作用。平衡失調的自律神經作用，因此被神經內科或精神科醫師用於改善失眠、焦慮的治療。」

不管如何，穀維素的英文是 Oryzanol，而稻米的學名是 Oryza sativa，所以 Oryzanol 就是從 Oryza sativa 分離出來的物質。更精確地說，它是源自於稻米的麩質，也就是米糠。所以，只要有吃糙米，就能攝取到穀維素。

不過 Oryzanol 的全名其實是 γ-Oryzanol，至於為什麼，就沒必要深究了。在接下來的文章裡，我還是會用穀維素來代表 γ-Oryzanol。穀維素並非單一化學物質，而是由十幾種脂肪酸組成的混合物。但是，大多數的研究還是用穀維素這個混合物做出來的。

公共醫學圖書館 PubMed 有收錄二十三篇有關穀維素的臨床研究，但是，其中的十五篇是用外語（非英語）寫的。也就是說，這方面的研究大多是在非英語系國家做的，尤其是在中國（共佔十二篇）。更糟糕的是，發表這些論文的期刊水準參差不齊，所以可信度是值得擔憂的。不管如何，我現在把那七篇用英文寫的論文列舉如下：

一、1997 年論文，標題是「阻力運動訓練中補充 γ- 穀維素的作用」[4]。結論：在中等重量訓練的男性中，以每天 500 毫克的劑量補充九週的 γ- 穀維素沒有影響表現或相關的生理參數。

二、2005 年論文，標題是「在輕度高膽固醇血症的男性中，米糠油和不同的 γ- 穀維素具有相似的降膽固醇特性」[5]。

三、2014 年論文，標題是「補充 γ- 穀維素對慢性阻力訓練後健康男性人體測量和肌肉力量的影響」[6]，結論：在為期 9 週的阻力訓練期間，每天補充 600 毫克穀維素不會改變人體測量和身體測量值，但可以增加年輕健康男性的肌肉力量。

四、2016 年論文，標題是「芝麻和米糠油的混合物可降低高血糖症並改善血脂」[7]。

五、2016 年論文，標題是「芝麻油和米糠油的混合物可降低輕度至中度高血壓患者的血壓並改善其脂質狀況」[8]。

　　六、2016 年論文，標題是「米糠油可降低人體總膽固醇和低密度脂蛋白膽固醇：隨機對照臨床試驗的系統評價和薈萃分析」[9]。

　　七、2019 年論文，標題是「含 γ - 穀維素的米糠油可改善高脂血症受試者的血脂譜和抗氧化狀態：隨機雙盲對照試驗」[10]。

　　從這些論文就可看出，那個什麼生物科技公司所說的「調整體質、幫助身心放鬆舒緩」是毫無科學根據，而那個什麼幾點零的綜藝節目所說的「調節自律神經、緩解更年期徵狀、腸躁症、改善緊張不安及憂鬱」，更是一點都不靈。

 林教授的科學養生筆記

1. 大多數有關芝麻素的論文是發表在低水平的期刊，而所宣稱的功效如睡眠、降血脂和抗癌，也沒有臨床證據，所以並不可信

2. 穀維素是源自於稻米的麩質，也就是米糠，所以只要有吃糙米，就能攝取到穀維素

3. 目前有關穀維素的論文是水準參差不齊，可信度不高，而且實驗中也沒有測量調整體質或是調節自律神經或不安憂鬱等功效

直銷神藥能抗老？
SOMADERM 和 AgeLoc 的真相

＃多層次傳銷、生長激素、膠原蛋白、返老還童、FDA 認證

　　讀者 Stanley 在 2020 年 4 月用臉書寄來一張產品說明書，他說：「林教授，最近美國台灣上海很多人在瘋推 SOMADERM 這產品，這是一個什麼樣的產品，請您開釋一下。」

SOMADERM，讓你返老還童？

　　讀者詢問的產品叫 SOMADERM 抗老凝膠，是由一家叫做 New U Life 的多層次直銷公司生產和販售的。SOMADERM 是由 Somatropin 及 Dermis 兩個字合併而成的。Somatropin 是人造生長激素（recombinant human growth hormone，重組人生長激素），而 Dermis 則是皮膚（醫學名詞）。所以，SOMADERM 的意思就是說，此產品的有效成分是生長激素，而把它塗在皮膚

上就能使生長激素進入人體。

　　這個產品所聲稱的功效是多不勝數，但最主要是宣稱能返老還童，也說有 FDA 認證。但是，根據美國聯邦司法部下屬的藥物執法署（DEA）2019 年 9 月的文件 [1]，沒有生長激素藥物是被批准用於「抗衰老」。DEA 還說：「除非已獲得衛生部的許可以及醫師的處方，否則分發或擁有生長激素就會被判處五年重罪。」

　　有一個叫做「廣告的真相」（Truth in Advertising）的網站在 2019 年 9 月 5 日向 FDA 和聯邦貿易委員會（FTC）提出針對 New U Life 的投訴 [2]，其中強調 SOMADERM 的不當和欺騙性行銷，並敦促這兩個聯邦機構對該公司進行調查和立即採取執法行動。它也說 FDA 的法醫化學中心於 2019 年 1 月對 SOMADERM 進行測試，發現該產品並不含生長激素。這並不意外，因為要是它真含有生長激素，那就是非法產品，是會被追究刑責，判處五年重罪的。

　　事實上，**就醫學的層面來說，生長激素是一個由 191 氨基酸鏈接而成的蛋白質，而如此大的分子是絕無可能可以從皮膚吸收。另外，有些所謂的口服生長激素，也是騙人的，因為一旦吃進肚子，生長激素就會被分解成氨基酸，所以絕對不會有任何功效。真正有效的生長激素一定是注射劑，而且一定要有**

醫師處方。

　　網路上有一大堆見證，或什麼個人經驗之類的言論，說用了 SOMADERM 之後就精神百倍、百病俱除，真是奇蹟等等。但是，您需要認清，SOMADERM 的行銷模式是多層次，所以會發表這類言論的人，極可能就是想趕快把他手上的貨品賣掉。當然，也一定會有一些人真的是感覺有效。但是這些人的經驗就是所謂的「安慰劑效應」，也就是說，縱然明明只是塗了一些稀鬆平常的乳膠，但不知道為什麼就會莫名其妙地感覺精神百倍。

　　我也寫過關於阿膠的文章，提到中國為了要取得製作阿膠所需的驢皮，在全世界進行對驢的趕盡殺絕。「比驢還蠢」這個詞，當然是人人能懂。但是，大多數的人也許無法完全了解它的用意，雖然表面諧虐，卻是對人性與民智深沉的無奈。

　　就只不過為了一個傳說的補藥，竟而進行滅種屠殺？這種野蠻行為還波及瀕臨絕種的犀牛和老虎。可悲的是，科學早已證明，犀牛角跟指甲沒啥差別。至於虎鞭，就讓我來說一個令人啼笑皆非，但卻是千真萬確的故事：有個台灣人到大陸買了一瓶虎鞭酒。回台後一喝，嘿咻的功力果然有如神助。當他喝完藥酒後，就把虎鞭拿出來吃。這下子才發現，竟是一根塑膠管。我也提過，有報導指出四成的阿膠是假的，也就是說，它

們並不是用驢皮製成的，而是用豬皮、馬皮、牛皮等等製成的。

更不可思議的是，竟然有這麼一說：驢皮製成的阿膠可以安胎，但馬皮製成的卻會墮胎。問題是，傳說歸傳說，有證明嗎？驢皮、馬皮，甚至牛皮、豬皮，又有什麼差別？不就是膠原蛋白嗎？我也澄清過很多次，膠原蛋白被吃進肚子，就分解成氨基酸。能補什麼血，安什麼胎，養什麼顏？

更可悲的是，還是有無數的養生專家、營養師，甚至醫生在推波助瀾。在某次的聚餐，有位朋友問我吃雞肉是不是連皮一起吃。我說，當然，雞皮好吃又營養。另一位朋友就說，可是膽固醇很高呢。隔天，我發表了抨擊阿膠的文章，而有位讀者就回應，阿膠既然是用驢皮熬製而成，一定含有很高的膽固醇。

我知道他這樣說，是出於好意，是希望用高膽固醇來進一步證明阿膠不是好東西。問題是，我已經寫過好幾篇有關膽固醇迷思的文章，一再地說，食物中的膽固醇與我們身體裡的膽固醇無關（請複習《餐桌上的偽科學》215頁）。還有一位朋友，明明知道我一直勸人家不要吃維他命。但是，她還是繼續傳來補充維他命的電郵。由此可見，不管是傳統補藥還是維他命，一旦相信就很難改變，對信徒來說，再多的科學證據也都只是邪說。

AgeLoc，Nuskin 的返老神藥？

讀者翁先生在 2020 年 8 月來信詢問：「林教授您好，拜讀完您的書後，非常佩服您以嚴謹的科學角度去驗證市面上需多偽科學資訊以及謠言。我是今年二十二歲，有高度近視的大學生，長期有飛蚊症的困擾，但做眼底檢查醫生都說沒問題，診斷為良性飛蚊並建議與之和平共處。近期有位 Nuskin 的直銷朋友推薦我買一款賣得很好的營養補充品 R2，其標榜的功效琳瑯滿目，可謂全面性的身體補給。最厲害的是這個影片中聲稱可以從體內的親春基因群組進行改變，雖然半信半疑，但我還是抱著姑且一試的態度食用。他們宣稱此產品登上《醫師桌上手冊》和通過中華奧委的認證等等。但我對於實際功效還是懷疑，想詢問教授的看法。我真心希望能改善眼睛狀況，有勞您了，煩惱的大學生敬上。」

好，我們來看《醫師桌上手冊》（Physicians' Desk Reference）是啥東西，這本書首次發行於 1947 年，2017 年發行第 71 版之後，已不再發行實體書，改成網路版，完全免費提供給任何人，不管是醫生還是庶民。這本書是由藥廠及藥商出錢編印，再免費送給醫生，目的是希望醫生能開自家的藥給病患。所

以，所謂的「登上醫師桌上手冊」，聽起來好像是很了不起，但實際上卻是「有錢能使鬼推磨」。

這位讀者提供的影片是 2017 年 7 月 23 號發表，標題是「AgeLoc R 平方介紹」。我把其聲稱的種種功效的一小部分列舉如下：人類史上第一款重設基因表現的營養補充品；提高腦力、體力和性活力。讓大腦、心臟、肝臟、肌肉和性功能回到年輕狀態；臨床結果表明，能夠成功影響超過 92% 的青春基因群組的表達，直擊老化根源；夜錠，優化每個細胞的自然排毒和淨化過程；日錠，優化細胞中粒線體的能量生成，提高腦力、體力和性活力。

我到公共醫學圖書館 PubMed 搜查，只搜到一篇相關的論文，發表於 2010 年，標題是「從源頭控制皮膚中的活性氧，以減少皮膚老化」[3]。這項研究根本就沒有做基因的實驗，所以影片裡所說的「臨床結果表明，能夠成功影響超過 92% 的青春基因群組的表達」，顯然是想像出來的。不管如何，這篇論文是發表在一個叫做《年輕化研究》（Rejuvenation Research）的期刊，而該期刊的「影響因子」（Impact Factor）是可憐到欲哭無淚的 0.79，所以這是什麼水準的研究，就不需要我再多說了。

還有，我想請讀者從這篇論文的標題「……皮膚老化」來看看你是否能想像得到「重設基因表現」、「提高腦力、體力和

性活力」、「讓大腦、心臟、肝臟、肌肉和性功能回到年輕狀態」等等。如果你無法想像得到，那就表示你真的是需要去買這款神藥來加強你的想像力。

除了廣告超富想像力之外，這款神藥還有另一個超級厲害的地方，為了保證能把你榨個精光，還搞了個什麼日錠和夜錠的花招。根據官方網站，日錠的成分是石榴萃取物、亞洲參萃取物以及蟲草菌絲體（不是真的蟲草），夜錠的成分則是葡萄籽萃取物、柳橙萃取物及青花椰菜籽萃取物。也就是說，吃了這些稀鬆平常的萃取物之後，你的基因就會重設表現，老化根源就會被直擊，讓你回到年輕狀態。

可是我的這位讀者也才二十二歲，根本就沒有「直擊老化根源，回到年輕狀態」的需要。那為什麼他所謂的「朋友」會向他推薦這款青春神藥呢？這款神藥是直銷公司 Nu Skin 的產品，此公司的總部設於猶他州。我在本書 179 頁的「猶他州，詐騙首府」裡有說：「每當我看到猶他州及直銷，就不禁會打個哆嗦。……猶他州有個不雅的別稱叫做詐騙首府」。我也提到一篇文章，其中描述直銷公司是如何利用人性的弱點來牟利。這個弱點就是，人們往往是憑著感情或直覺來購買保健品，而不會去追究保健品是否真的具有廠商所聲稱的功效，甚至根本盲目地相信保健品真的是具有這些功效。

所以，就是因為這位讀者長期受到飛蚊症的困擾而飽受壓力，再加上有個做 Nuskin 直銷的朋友推坑，所以他就買了這款神藥，儘管飛蚊症根本就還沒來得及被加入這款神藥的「直擊名單」裡。這就是直銷公司厲害的地方，那就是看準人性弱點，見縫插針。所以，如果有人被 Nuskin 直銷公司的朋友推薦，買這款神藥來治療癌症或新冠肺炎，我是一點都不會感到詫異。

FDA 認證？絕無這樣的保健品

寫完 SOMADERM 的文章後，有讀者回應希望我能對此產品所聲稱的「FDA 認證」做個解釋。事實上好幾位讀者都曾問過我所謂的「FDA 認證」。他們說，某某保健品聲稱有美國 FDA 的認證，但為什麼我卻說它沒有療效的證據。其實，我在 2017 年就寫過了（收錄於《餐桌上的偽科學》138 頁），但是很少人會去把這個三年前的老文章挖出來看，所以我決定再寫這一篇新的，同時也會提供較新和較完整的資訊。

美國 FDA 的全名是 Food and Drug Administration，中文簡稱「食藥署」。顧名思義，食藥署是負責食物和藥物的控管。FDA 網站裡有一頁叫做「是真的 FDA 核准的嗎？」[4]。這篇文章說：民眾往往會看到某公司的網站或廣告聲稱「FDA 核准」，

但那不一定是真的。裡面也提到：美國 FDA 只核准或認證兩大類東西：1. 新藥及生物製劑；2. 醫療儀器。

　　新藥是用來治病的化學藥品，所以是必須通過一期、二期及三期臨床試驗，證明「有療效」及「安全」。生物製劑是用來治病的非化學藥品，包括治療用的蛋白質、細胞、血清、疫苗等等，它們也一樣必須通一期、二期及三期臨床試驗，證明「有療效」及「安全」。

　　美國 FDA 特別強調兩點，分別是：**一、FDA 不會批准膳食補充劑。二、FDA 也不會批准有關膳食補充劑和其他食品的結構功能聲明。也就是說，FDA 既不會認證任何保健品本身，也不會認證任何保健品功能的聲明。所以，你只要看到有保健品聲稱或顯示任何「FDA」的字眼或標誌，就可以百分之百肯定它是騙人的。**

　　美國 FDA 的網站有另一個網頁叫做「膳食補充劑產品和成分」[5]。它說，膳食補充劑包括維他命、礦物質、草藥、氨基酸和酶等成分。與藥物不同，膳食補充劑並非用來治療、診斷、預防或治癒疾病。也就是說，膳食補充劑不可以聲稱，例如「減輕疼痛」或「治療心臟病」。此類聲明只能合法地用於藥物，不能用於膳食補充劑。

　　美國 FDA 的網站還有另一個網頁叫做「消費者使用膳食補

充劑的資訊」[6]。它說，**在法律上 FDA 沒有被授權來審查膳食補充劑在上市之前的安全性或有效性。也就是說，保健品根本完全不需要 FDA 的審核就可以上市。那，既然沒有審核，怎麼可能還會有什麼「FDA 認證」的保健品？**

美國 FDA 的網站還有另一個網頁叫做「膳食補充劑使用者提示」[7]。它說，膳食補充劑製造商有責任確保其產品在上市前是安全的，他們還負責確定其標籤上的聲明是正確和真實的。膳食補充劑產品在上市前是不需政府審查，但 FDA 有責任對上市後的任何不安全的膳食補充劑產品採取行動。如果 FDA 可以證明上市後膳食補充劑的聲稱是虛假和誤導的，FDA 也可以對此採取行動。

從 FDA 所提供的這些資訊我們可以很清楚地看出，FDA 只有在兩種情況下會對保健品採取行動：一、使用者出現不良反應；二、有不實或誤導的聲稱。有關第一點，只要保健品沒有對大眾造成健康危害，FDA 就不會過問。有關第二點，狡猾的保健品業者當然不會在產品包裝上註明有療效，也不會在公司網站上聲明有療效。但是，他們卻會在各種媒體上（臉書以及各式各樣的「健康」網站）鋪天蓋地地聲稱他們的產品有療效。而由於這些聲稱是用匿名或假名發布的，所以 FDA 也就無從追究。

讀者常問我為什麼 FDA 不去抓那些亂七八糟的保健品，我

的回答都是「管不了那麼多」。我在 2019 年寫過〈FDA 將加強監管補充劑〉（收錄於《維他命 D 真相》201 頁），這段文章主要是 FDA 局長寫給大眾的一封信，節錄其中兩段：

美國 FDA 在 2019 年 2 月 11 號公布發給 17 家公司的 12 封警告信及 5 封網路諮詢信。這 17 家公司被 FDA 發現，正在非法販賣超過 58 種聲稱可以預防、治療或治癒阿茲海默病和其他一些嚴重疾病的補充劑。

自從 25 年前……補充劑市場已出現顯著增長。……現在已經成為一個價值超過 400 億美元的行業，並且擁有超過 50,000 種——可能多達 80,000 種，甚至更多——不同的產品。隨著補充劑的普及，潛在危險產品的行銷數量，或者對其可能帶來的健康益處做出未經證實或誤導的聲明，也跟著增加。

從這段話就可看出，FDA 是很清楚保健品的氾濫與危害，但問題是怎麼管怎麼抓？所以，對一個消費者而言，保健品的購買、使用、被騙，完全是「一個願打，一個願挨」，怨不得 FDA。

我曾在自己網站寫過一篇文章「大主教的新冠神水」，告訴讀者有個詐騙集團從 2006 年起就開始販賣二氧化氯飲料，

號稱可以治百病。儘管十四年來已經有很多人因為喝了這個飲料而住院甚至死亡，但 FDA 是一直到 2020 年新冠疫情期間才採取行動突襲這個詐騙集團。由此可見，做為一個保健品的消費者，您可千萬不要寄望 FDA 會隨時隨地為您的健康把關。好了，講了這麼多，其實讀者只需要知道兩件事：**一、所有聲稱「FDA 認證」的保健品都是騙人的；二、使用保健品的後果完全由使用人承擔，FDA 可以選擇介入，也可以選擇不介入。**

 林教授的科學養生筆記

1. 根據美國藥物執法署（DEA）2019 年 9 月的文件，沒有生長激素藥物可以被批准用於「抗衰老」

2. 真正有效的生長激素一定是注射劑，而且一定要有醫師處方

3. FDA 既不會認證任何保健品本身，也不會認證任何保健品功能的聲明。所以，你只要看到有保健品聲稱或顯示任何「FDA」的字眼或標誌，就可以百分之百肯定它是騙人的

4-5

石榴、咸豐草，降血糖分析

#糖尿病、胰島素、鉀、聚多炔糖苷、鬼針草

　　讀者翟偉利 2019 年 6 月詢問：「請教您對於石榴是天然的血糖藥的看法？」他提供一篇《每日健康》的文章，沒有日期和作者，標題是：「石榴就是最強效的天然血糖藥！飯前這樣喝逆轉糖尿病，還能護血管、顧關節、抗攝護腺癌。」

石榴是最強效天然血糖藥？

　　儘管標題裡有說「飯前這樣喝逆轉糖尿病」，但是我看完整篇文章，就是找不到什麼地方有提到「逆轉」。不管怎麼樣，文章的小標題「石榴是天然的血糖藥」下面有這麼一段話：「如何控制胰島素，讓體內的血糖不致於失常？改善飲食習慣是最重要且最關鍵的一步，根據健康新聞媒體《Nutraingredients》報導指出，約旦科技大學的科學家發現：石榴有穩定血糖、改善胰

島素的顯著作用，在這項研究之中，石榴汁有助於胰腺中的 B 細胞運動，有效降低胰島素阻抗。特別是在飯前飲用，三小時後就能看出石榴汁對於穩定血糖的作用。」

這段話裡所說的「改善飲食習慣是最重要且最關鍵的一步」，雖然不完全正確，但也還算過得去。只不過，它接下來所說的「飲用石榴汁」，能算是改善飲食習慣嗎？難道說，只要喝了石榴汁，就可以繼續大魚大肉和高糖飲食嗎？

不管怎麼樣，它所說的《Nutraingredients》報導，是一篇 2014 年 8 月 24 號發表的文章，標題是「富含抗氧化劑的石榴汁或許能幫助糖尿病患的血糖控管：人類數據」[1]。這篇文章是在轉述一篇當時才剛發表的論文，標題是「新鮮石榴汁改善二型糖尿病人的胰島素阻抗，提升 β 細胞功能和降低飯前血糖」[2]。

這項研究的對象是八十五名二型糖尿病患者。他們在禁食十二小時之後抽一次血，然後在喝了石榴汁（每公斤體重喝 1.5 毫升）之後的一小時及三小時，又再各抽一次血。結果，第一次抽血樣本的平均血糖值是 9.4 mmol/L，而第三次抽血樣本的平均血糖值是 8.5 mmol/L。這樣的差別在統計學上是有意義的，所以研究人員就說石榴汁具有降血糖的功效。

我想，讀者應當可以看出 9.4 跟 8.5 的差別是相當微小的。但是，我更希望讀者有注意到，在這整個實驗裡，完全沒有

《每日健康》那篇文章所說的「特別是在飯前飲用」。事實上，那篇英文版的文章裡有說，參與實驗的人裡面有 20% 血糖值沒有改變。還有，它還引用一句研究人員在論文裡所說的話，翻譯如下：「……但我們必須謹慎。我們需要進一步的臨床研究來了解石榴汁如何影響血糖。」

《每日健康》那篇文章既沒有提到那 20% 沒反應的人，也沒有轉載那句研究人員的話。但是它卻說「飯前這樣喝逆轉糖尿病」。誇大誤導之能事，由此可見一斑。石榴汁也許是有一點點降血糖的功效，但是，光是喝石榴汁是絕無可能會逆轉糖尿病的。**真正能逆轉糖尿病的方法有三個：1. 胃繞道手術、2. 積極短期胰島素治療、3. 非常低熱量飲食法。**詳情請看糖尿病專科醫師黃峻偉發表的文章，標題是「逆轉糖尿病的方法？有！但不是你常看到的那種」。補充：美國的國家腎臟基金會（National Kidney Foundation）有警告，由於石榴汁含有大量的鉀，而腎臟病患無法排出過量的鉀，所以不建議貿然採用石榴汁來控制血糖[3]。

咸豐草逆轉糖尿病的吹捧與現實

讀者在 2020 年 9 月 17 來信詢問：「請問近日看到大花咸豐草的萃取物可以輔助調整血糖，還寫說是中研院專利，可取代

藥品。店家特別強調可以跟西藥併用，絕無副作用。請問您對這個成分有甚麼看法，感謝。」

　　讀者附上的一段影片，是 2017 年 6 月 29 號發表的 TVBS 影片，標題是「研發 16 年，中研院用咸豐草提煉糖尿病新藥」。這個影片採訪中研院農業生物科技研究中心的楊文欽博士，而楊博士的確是有二十年研究咸豐草的經驗。咸豐草在台灣是到處可見。它一方面是農民最頭痛的野草，另一方面卻也是一種民間草藥和青草茶的主要成分之一，其嫩葉也可供食用。

　　咸豐草大致可分成三種（變種）：大花瓣的（一到一點五公分）叫做「大花咸豐草」，小花瓣的（零點八公分）是叫做「小花咸豐草」，無花瓣的叫做「鬼針草」[4]。大花咸豐草一年四季生長旺盛，而其他兩種咸豐草則會在冬季枯萎，所以大花咸豐草是三兄弟中毫無疑問的大哥大。更重要的是，它的藥效最顯著，也最常被研究，所以在接下來的文章，凡提到咸豐草，所指的就是大花咸豐草。

　　順帶一提，我在查資料的時候發現咸豐草的英文名稱很有趣，學名是 Bidens pilosa，而 Biden 是美國新任總統喬・拜登（Joe Biden）的姓，所以拜登家族就叫做 Bidens。再來，咸豐草的英文俗稱是 Black Jack，就是撲克牌遊戲「二十一點」。

　　一樣，我用關鍵字「Bidens Pilosa+Diabetes」搜索 PubMed，

共搜到二十篇論文。最早的一篇是發表於 2000 年，標題是
「Bidens pilosa 的降血糖炔屬糖苷」[5]，從文章標題就可看出，這
家公司已經發現咸豐草所含的炔屬糖苷具有降血糖的作用。

　　楊文欽博士的團隊是在 2004、2005、2007、2007、2009 和
2013 共發表六篇這方面的研究論文。2007 年的那兩篇是在報導
從咸豐草分離出一個叫做 Cytopiloyne 的聚多炔糖苷，而這個化
學物質是咸豐草降血糖的最主要成分。2013 年的那一篇則是更
進一步探討 Cytopiloyne 降血糖的機制。

　　這六篇論文都是用細胞或老鼠模型做出來的研究。也就是
說，楊博士的團隊從未做過臨床試驗。事實上，TVBS 那個影片
的結尾有這麼一句話：「不過研究人員也說這一款新藥目前還在
動物實驗的階段想要問世，最起碼還要五年」。所以，根據這個
說法，楊博士團隊正在研究的新藥，最快問世的日期是 2022 年
6 月。也就是說，目前市面上在賣的降血糖咸豐草產品，並不是
楊博士團隊正在研究的新藥。

　　有關咸豐草降血糖的人體研究，目前只有一篇發表於 2015
年的論文，標題是「咸豐草配方可改善男性血液穩態和 β 細
胞功能：初步研究」[6]。這篇論文的第一作者是賴邦嶽（Bun-
Yueh Lai），所屬的機構是群悅生醫科技有限公司（Chun-Yueh
Biomedical Technology Co., Ltd., Taipei, Taiwan），而賴先生即是此

公司的負責人。這家公司有出產一款咸豐草萃取物保健品，這款產品就是使用在這篇論文的研究裡。按照慣例，論文的作者是必須表明是否有利益衝突，如此才能讓評審及讀者判斷論文的可靠性。可是，儘管賴邦嶽先生是毫無疑問地有利益衝突，他竟然宣稱無利益衝突，這實在有違論文發表的倫理準則。

不管如何，這項研究的實驗對象只有十四人，這也是為何論文的標題會特別註明「初步研究」（A Pilot Study）。除了人數有限之外，這項研究也沒有使用「安慰劑對照組」。所以，論文標題裡所說的「可改善男性血液穩態和 β 細胞功能」，其實是可信度極低。總之，儘管網路上吹捧咸豐草逆轉糖尿病的資訊是多不勝數，但真正現實是，目前沒有任何研究證明咸豐草可以逆轉人的糖尿病。

 林教授的科學養生筆記

1. 石榴汁也許是有一點點降血糖的功效，但是，光是喝石榴汁是絕無可能會逆轉糖尿病的。美國的國家腎臟基金會有警告，由於石榴汁含有大量的鉀，而腎臟病患無法排出過量的鉀，所以不建議貿然採用石榴汁來控制血糖

2. 儘管網路上吹捧咸豐草逆轉糖尿病的資訊是多不勝數，但真正現實是，目前沒有任何研究證明咸豐草可以逆轉人的糖尿病

維他命 C 與太空人維他命

＃主動脈剝離、綜合維他命、SOD 超氧歧化酶

2020 年 9 月，「台灣事實查核中心」的記者劉小姐寄來電郵，說正在查證一則關於「維生素 C 可預防主動脈剝離」的傳言，希望能採訪我。「主動脈剝離」是當時台灣媒體的熱門話題，這是因為根據報導，年僅三十六歲的藝人黃鴻升在當月因為主動脈剝離猝死。所以幾天前讀者 George Hsu 也問我「維生素 C 可以修復結締組織，是否為真？」，他寄來的是一篇聲稱「維生素 C 可預防主動脈剝離」的文章。這篇文章是自然療師陳俊旭 2020 年 9 月 19 號在臉書發表的，標題是「主動脈剝離如何預防？」

維他命 C 預防主動脈剝離的胡扯

我把這篇文章的幾個重點拷貝如下：「1. 問題就出在結締組

織脆弱，講白一點，就是維生素 C 攝取不足；2. 不管成因、預防、保養，都應該大量補足維生素 C、膠原胜肽，以強化體內結締組織，使之不容易破裂。3. 整個治療的方向就是要圍繞在強化結締組織，尤其首重維生素 C 和生物類黃酮的補充。光吃蔬果補 C 是遠遠不夠的，必須大劑量。4. 修復結締組織是一件很重要的事，它牽扯到至少一百種疾病。靠的就是維生素 C，但藥廠卻很不喜歡維生素 C，因為如果這堆疾病這麼容易治療，大家就不吃藥了！」

　　所以，陳俊旭自然療師是認為主動脈剝離的預防和治療其實很簡單，也就是要大劑量地補充維他命 C。雖然我打從心裡知道這是荒唐無稽的言論，但為了公平起見，我還是很認真地做了很多查證。首先，我到公共醫學圖書館 PubMed 用「維他命 C」和「主動脈剝離」（aortic dissection）這兩個關鍵字搜索，結果是零。然後我也到「萊納斯・鮑林研究所」（Linus Pauling Institute）網站的一個專講維他命 C 的網頁搜索 [1]，結果也是零。

　　我以前就提過，萊納斯・鮑林研究所是萊納斯・鮑林博士在 1973 年創立的，而它最重要的任務就是要證明維他命 C 能預防和治療各種疾病。也就是說，這世界上不大可能有什麼人或機構會比萊納斯・鮑林研究所更想證明（或哪怕只是聲稱）維

他命 C 能預防或治療主動脈剝離的。可是，為什麼它會連提都
不提呢？

主動脈剝離的成因

　　所有大動脈，包括主動脈，都是具有三層的結構，分別是
「內皮層」（endothelium，也叫做 tunica intima）、「平滑肌層」
（smooth muscle，也叫做 tunica media）和「外皮層」（tunica
adventitia）。在正常情況下，血液在血管裡流動，就只會接觸
到內皮層。如果主動脈裡的血液穿破內皮層，從而流入平滑肌
層，就會造成內皮層和平滑肌層的撕裂。這種現象就叫做主動
脈剝離。

　　主動脈剝離之所以會發生，簡單地說就是，當血壓高過於
主動脈管壁所能承受的限度，血液就會穿破內皮層，從而導致
內皮層和平滑肌層的撕裂。這就是為什麼罹患高血壓的人是會
發生主動脈剝離的高風險族群。可是，絕大多數患高血壓的人
並不會發生主動脈剝離，所以這就表示，一定是還有其他的因
素，才會引發主動脈剝離。

　　如上一段開頭所說，主動脈剝離之所以會發生，是因為
血壓高過於主動脈管壁所能承受的限度，所以主動脈管壁的質

地，就是會不會發生主動脈剝離的另一個重要因素。主動脈管壁的質地是由細胞外基質（extracellular matrix）來決定。不過，由於大多數人聽不懂什麼是「細胞外基質」，所以它就常被說成是「結締組織」，儘管結締組織實際上是包括了硬骨、軟骨、脂肪、血液等等並不是細胞外基質的組織。

　　細胞外基質的最主要成員就是「膠原蛋白」（collagen），而另一個數量較少，但也是不可或缺的成員是彈性蛋白（elastin）。就主動脈而言，膠原蛋白所形成的纖維是負責主動脈壁的抗張強度（tensile strength），而彈性蛋白所形成的纖維是負責主動脈壁的擴張性（expandability）和後座力（recoil properties）。所以，當這兩種蛋白所形成的纖維有良好的搭配，主動脈管壁的質地就會好。反過來說，當這兩種蛋白所形成的纖維沒有良好的搭配，主動脈管壁的質地就會不好。

　　膠原蛋白的合成是需要維他命 C，而這也就是為什麼陳俊旭自然療師會認為大劑量地補充維他命 C 可以預防和治療主動脈剝離。可是，如上一段所說，除了膠原蛋白之外，主動脈的結構和功能也是需要彈性蛋白。但不巧的是，儘管維他命 C 會促進膠原蛋白的合成，它卻是會抑制彈性蛋白的合成，想了解原理的讀者，可以閱讀附錄中這篇文章，標題是「抗壞血酸通過預翻譯機制差異調節血管平滑肌細胞和皮膚成纖維細胞中的

彈性蛋白和膠原蛋白的生物合成」[2]。

　　還有，已經有研究發現，過多的膠原蛋白會增加動脈的僵硬度，從而可能導致主動脈剝離，而過少的膠原蛋白則會削弱主動脈壁，從而也可能導致主動脈剝離。也就是說，不管膠原蛋白是過多或過少，都可能增加主動脈剝離的風險[3]。

　　綜上所述，大劑量補充維他命 C，一方面可能會造成膠原蛋白與彈性蛋白之間的比例失衡，另一方面也可能會增加動脈的僵硬度，而這兩種情況都會增加主動脈剝離的風險。不過，這都只是根據實驗室的證據來做的推理。臨床上沒有任何證據顯示大劑量補充維他命 C 會導致主動脈剝離，或增加它發生的風險。

太空人維他命，不會停止的賺錢故事

　　讀者林小姐 2021 年 2 月 24 號下午，用臉書問我對「太空人維他命」的意見。我回覆：「你可以問他們，要他們拿出證據。我看就是綜合維他命。真正厲害的是行銷手段。保健品的洪害已經不是科學能阻擋得了的。」到了晚上，讀者 Wendy 也用臉書簡訊來問我同樣的問題，所以我也就給她同樣的答覆。到了 26 號，讀者 Ray 也來詢問這個產品。他說：「林教授您好，已拜讀多次您網站上的文章以及著作，尤其在保健食品、補充

劑部分更是解答了我許多迷思，現在只要有朋友推薦我說吃什麼保健食品有感時，我都會上來您的網站搜尋相關資料，再複製連結給朋友，省了我很多錢，感謝！昨日友人又丟來保健食品的相關連結，我一看，哇喔太空人維他命呢！再細看內容，哇喔，吃一瓶抵十二瓶，也太神奇……重點是名人醫師共同研發加持呢！再一看募資金額，才短短三、四天，已衝上相當可觀的金額了。我更深刻理解到為什麼願意揭穿補充劑騙局的醫師這麼少了……這驚人的暴利，誰敢得罪呢？又有多少人想分一杯羹呢？懇請林教授能撥空破除此募資的迷思，救救我朋友的荷包吧，謝謝您。」

「名人醫師共同研發加持」「願意揭穿補充劑騙局的醫師這麼少了」「這驚人的暴利，誰敢得罪呢？又有多少人想分一杯羹呢？」有關讀者提到的這三點，其實我在網站和三本書裡討論過很多次，每次我都會引用長庚大學張淑卿主任寫的文章〈專業知識、利益與維他命產業〉。我再一次把最後一段拷貝如下：

不論你自己是否有吃維他命的習慣，這顆小藥丸的背後，不只是維他命這項科學知識的呈現。科學研究者利用它成就自己的研究，藥事人員與醫生藉它提高自己的專業地位，廣告業

者利用它誘使消費者購買產品，藥廠因此建立豐厚的產業，消費者也藉由是否服用維他命來顯示對自身健康的掌握。在這些情況下，維他命的故事還會繼續下去，我們早餐後服下維他命丸之時，就是科學研究影響我們生活的寫照吧。」

我在本書 117 頁的「鋅、維他命 C、D，能治療新冠肺炎嗎」有引用一篇美國醫學會期刊的專家評論，其中有這麼一段話：「據估計，全球補充劑產業的價值約為 3,000 億美元。儘管幾乎沒有證據可以支持它們有功效，但半數以上的美國成年人至少服用一種維他命或補充劑。」

我在 2019 年發表的文章〈世界最貴的尿〉中引用兩位大咖醫生的言論。唐娜・雅涅特（Donna Arnett）醫生是「美國心臟協會」的主席，她說：「美國人每年花五十億元購買維他命，但是這項研究顯示，只要你的飲食均衡，維他命並沒有什麼幫助」。史蒂文・尼森（Steve Nissen）醫生是克里夫蘭診所心血管科的主任，他說：「這項研究一點也不令人感到意外。美國人攝取的營養已經超過他們的需要，所以再補充維他命的話，只是會排出很昂貴的尿」。我再引用一次引用英國倫敦國王學院的重量級大牌醫生蒂姆・斯佩克特（Tim Spector）說過的這句話：「**人們應該接受教育，應當被告知：百分之九十九的人，只要曬太**

陽以及吃多元化的真正食物，就足以得到所有健康所需的維他命」。

只不過，儘管幾乎沒有證據可以支持保健品和維他命的使用有功效，但就如張淑卿教授所說，消費者也藉由是否服用維他命來顯示對自身健康的掌握。在這種情況下，不管是太空人維他命，還是火星人維他命，詐騙暴利的故事還是會繼續演下去。

補充說明：這款維他命配方裡的「SOD 超氧歧化酶」是自然存在於所有細胞內的酶（酵素），而它的生理作用當然也就都是在細胞內進行，所以口服是不會有任何作用的。更何況由於它是蛋白質，所以吃到肚子裡就會被胃酸和消化液分解成氨基酸，所以更不可能會有任何功能。事實上，幾乎所有有關口服酵素的宣傳都是騙人的，請複習《餐桌上的偽科學》119 頁。

 林教授的科學養生筆記

1. 臨床上沒有任何證據顯示大劑量補充維他命 C 可以預防主動脈剝離

2. 據估計，全球補充劑產業的價值約為 3,000 億美元。儘管幾乎沒有證據可以支持它們的使用是有功效，但半數以上的美國成年人至少服用一種維他命或補充劑

4-7

補充維他命 D，嬰兒聰明又變高？

#懷孕、智商、母乳、身高

2020 年 11 月 3 號，有位署名 Link 的讀者詢問：「教授好，看到這篇文章，想知道是否為真，懷孕要補充維他命 D 嗎？我的醫生現在都直接推薦補充保健食品，我該相信嗎？」

懷孕期間的維他命 D 水平與孩子的智商有關？

讀者提供的是一篇當天發表在《科技新報》的文章，標題是「懷孕時維生素 D 愈高，兒童智商愈高」。儘管這篇文章註明作者是黃嬿，但其實這是篇譯作，而非創作。在網路上可以看到有近百篇用英文寫的相同報導，但有趣的是，竟然沒有一篇是出自主流媒體。

這些報導的內容幾乎都是一模一樣，也就是說，全是抄襲或轉載的。原始的報導是 2020 年 11 月 2 號，發表在「西雅圖

兒童醫院」（Seattle Children's Hospital），標題是「懷孕期間的維他命 D 水平與孩子智商有關，研究顯示在黑人婦女中存在不平等」[1]。

這篇文章所說的「研究」是一篇當天發表的論文，標題是「孕期孕婦血漿 25- 羥維他命 D 與 4-6 歲後代的神經認知發育呈正相關」[2]。

這篇論文的第一作者梅麗莎・梅洛夫（Melissa Melough）是西雅圖兒童醫院的研究員，而這也就是為什麼原始的報導是來自西雅圖兒童醫院。其實，這項研究並非是第一個探討「孕婦的維他命 D 水平與小孩大腦發育之間的關係」。在 2018 年就已經有一篇類似的論文發表，標題是「在特徵明確的前瞻性母嬰隊列中，產前維他命 D 狀態與 5 歲時的標準神經發育評估無關」[3]。從這個標題就可看出，孕婦的維他命 D 水平與小孩大腦的發育，沒有關聯。

那，為什麼 2018 的論文說無關，而 2020 的論文卻說有關？讓我們再看一下西雅圖兒童醫院那篇文章的標題，裡面有「研究顯示在黑人婦女中存在不平等」。也就是說，該項研究（2020 的論文）發現黑人孕婦的維他命 D 水平較低，而她們所生的小孩智商也較低。

智商測驗，變因和爭議很多

有關黑人小孩智商的議題，先看一篇 2020 年 7 月 1 日發表在《發現雜誌》（Discover Magazine）的文章，標題是「智商測試真的能衡量智力嗎？」[4]。此文引用俄亥俄州立大學的教育心理學家唐娜・Y・福特（Donna Y. Ford）說：「智商測試在文化，語言和經濟上對弱勢族裔學生，尤其是黑人和西班牙裔，是帶有不公平的偏見。」

這種對弱勢族裔不公平的偏見在過去就已經有研究證實，而在 2020 年 8 月 7 日發表的一篇論文又再次證實，標題是「我們如何可靠地衡量孩子的真實智商？社會經濟地位可以解釋大多數非語言能力的種族間差異」[5]。

事實上，由於「智商測試」本身就不可靠，再加上它對弱勢族裔的不公，美國主流媒體對這個議題是避之唯恐不及，這應該是為什麼它們沒有報導這篇剛發表的維他命 D 論文。除了族裔的選擇是個問題之外，這篇剛發表的維他命 D 論文還有另外一個問題，那就是年齡的選擇。

美國有一個叫做「全國天才兒童協會」（National Association for Gifted Children）的組織，而顧名思義，就是專門在鑑定和培養天才兒童。這個組織有發表一個鑑定方面的指南，其中有這

麼一段[6]:「儘管專家們對是否對幼童進行測試存在不同意見，但研究人員普遍同意，很難在六歲以下的兒童做出準確的智商測定。」可是，剛發表的那個關於維他命 D 的研究，偏偏就是選擇測試四到六歲的小孩。

就算沒有族裔或年齡選擇的問題，智商測試是否真的是在測試智慧，又是另一個問題。頂尖的科學雜誌《科學》（Science）在 2011 年 4 月 25 號發表文章，標題是「智商真正在衡量什麼？」[7]。此文第一段說：「智商較高不見得就是比較有智慧。最新研究得出的結論是，意願也會影響智商測試的結果。」談到「意願」，就讓我想起念小學時，學校給我們做智商測試，而我當時覺得這種測試實在是很無聊，就在試卷上亂填亂畫。所以，我的智商測出來肯定是低於 60。

就算沒有族裔、年齡和意願的問題，智商測試的結果除了炫耀，有什麼實質的意義？智商越高的人就會越有成就嗎？為了節省篇幅，我就不提供英文的資訊，只提供三篇中文資訊和標題：1.「智商愈高，成就越大？羅輯思維：追蹤 1 萬 6 千名兒童，35 年後的答案是……」2.「智商可能沒有你認為的那麼重要：與成就相關性並不大」3.「愛因斯坦智商 200？專家：都是假的！家長不必在意孩子智商測試結果」。總之，這篇維他命 D 論文不但實驗設計問題重重，而且還傳達了不健康的健康觀念。

補充維他命 D，嬰兒會長高？

讀者何先生 2020 年 8 月 18 號詢問：林教授，又來麻煩您解答這則新聞，標題是「純母乳寶寶注意！長庚研究發現：4 個月後漏 2 樣營養素導致長不高」。在本篇報導中，提出建議方案如下：補充維他命 D，建議家長在寶寶剛出生時就以純母乳哺餵，每日應補充口服維他命 D，400IU。我查詢相關營養補充品的資料，維他命 D 400IU 應該是成人的服用量，給四個月大的寶寶服用是否會造成問題？另外，這樣是否會造成過度依賴所謂的營養補充品？

何先生提供的這篇文章是前一天發表在《蘋果新聞》，我把此文第一和第二段拷貝如下：「從小只喝母乳，原來反而長得比較慢！基隆長庚的研究團隊最近公布的一項長期追蹤研究發現，純母乳哺育的寶寶，反而在 1 歲過後、2 歲、3 歲，有 1/4 到 1/3 的生長曲線都是落在生長曲線的後段班。」「長庚團隊針對 630 名嬰幼兒，比較純母乳哺餵的寶寶以及配方奶或混和哺餵的寶寶血液中的營養素，結果發現只喝母乳的寶寶 1 歲時罹患缺鐵性貧血的機率，是混合餵養嬰兒的 9 倍；維他命不足的比率也高達 6 倍，原來小朋友的生長遲緩與缺鐵與維他命 D 有

關。」

　　首先，這篇文章所說的「最近公布的一項長期追蹤研究」，其實是早在 9 個月前的 2019 年 12 月 13 號，就已經公佈了，標題是「純母乳餵養兒童的維他命 D 軌跡，微量營養素狀況和兒童成長」[8]。

　　再來，《蘋果新聞》這篇文章的標題裡所說的「導致長不高」，又再次顯示絕**大多數人，包括記者、教授和醫生，都還老是喜歡把稀鬆平常的「關聯性」說成很嚴重的「因果性」。再次強調，關聯性的探討非常容易，因果性的探討則非常困難。**基隆長庚的這項研究只不過就是發現純母乳餵養的嬰兒似乎長得比較慢，但卻沒有說「純母乳餵養導致嬰兒長得比較慢」，也完全沒有說「維他命 D 不足導致嬰兒長得比較慢」。也就是說，這項研究所發現的只是關聯性，而非因果性。更嚴重的是，這項研究根本就沒有做維他命 D 補充劑的實驗，所以帶領這項研究的小兒科主任跟民眾說嬰兒吃維他命 D 補充劑，就會長得比較高，完全是大躍進的聯想。

　　事實上，直至目前為止，僅僅只有一項臨床研究曾經探討過補充維他命 D 是否會影響嬰兒的成長（也就是探討極具挑戰性的「因果性」）。這項研究是 2018 年 8 月 9 號，發表在世界第一的《新英格蘭醫學期刊》，標題是「在妊娠和哺乳期補充維他

命 D 以促進嬰兒生長」[9]。此文的結論是：**在普遍存在產前維他命 D 缺乏症且胎兒和嬰兒生長受限的人群中，從懷孕中期到出生或產後 6 個月補充母親維他命 D 都對胎兒或嬰兒的生長沒有影響。**

　　這項研究是讓原本缺乏維他命 D 的媽媽在產前和哺乳期間吃大劑量的維他命 D，從而使得乳汁裡含有足夠的維他命 D。但是，儘管乳汁裡含有充足的維他命 D，而它所餵養出來的嬰兒也得到充分的維他命 D，這些嬰兒卻沒有因此就長得比較高。所以，就長得高不高這個問題而言，目前的臨床證據是，補充維他命 D 對嬰兒不會有任何幫助。

 ### 林教授的科學養生筆記

1. 所謂的智力測驗，存在許多偏頗的選擇因素，包含族裔、年齡和意願等，可信度不高。而且智力測驗的結果高，也不表示未來的成就就會高

2. 真正探討補充維他命 D 是否會影響嬰兒成長的論實驗結論是：就長得高不高這個問題而言，目前的臨床證據是，補充維他命 D 對嬰兒不會有任何幫助

4-8

維他命 D 的活性和水溶性探討

D2、D3、中毒、活性、骨化三醇

　　我的第三本書《維他命 D 真相》在 2020 年 3 月 10 號出版，所以隔天就好奇地上網查看我這本書的銷售資訊。看呀看，就看到一篇 2020 年 1 月 15 號發表在《元氣網》的文章，標題是「補充維他命 D 是對身體健康最好的投資？醫師這麼說」。

　　這篇文章被《元氣網》歸類在「保健食品瘋」，由此可見他們用心良苦。更值得鼓掌的是這篇文章標題裡的那個問號，因為它把那位江醫師信誓旦旦所言「補充維他命 D 是對身體健康最好的投資」，畫龍點睛地變成了一個值得懷疑的言論。

維他命 D 會變成水溶性？中毒要非常努力？

　　這位江醫師說：「大家都說脂溶性維他命會中毒，像維他命 A、K 會中毒，那脂溶性的維他命 D 也會中毒嗎？答案是：很

難。因為它在人體被代謝後就變成水溶性了，和水溶性維他命一樣會從尿液和汗腺排出。……對於維他命 D 而言，除非你刻意吃到大量，一天可能要 4 萬 IU 以上，連續吃半年才有可能造成中毒，另外維他命 D 被代謝後就變水溶性，所以要造成中毒真的很難，要達到維他命 D 中毒，需要極大量、而且要連續吃非常久。……結論就是：想要維他命 D 中毒，真的要非常努力而且有恆心啊！」

有關「維他命 D 會變成水溶性，會從尿液和汗腺排出」是真或假，我們先來看一篇權威的論文怎麼說。這篇論文是「美國國家科學院醫學研究所」召集的「審查維他命 D 和鈣的飲食參考攝入量委員會」所發表的，標題是「鈣和維他命 D 的飲食參考攝入量」[1]，這篇文章提到：「維他命 D 的代謝產物會通過膽汁排泄到糞便中，非常少量是從尿液排出。」

我們再來看一篇哈佛大學發表的文章（2019 年 5 月 17 號更新），標題是「維他命 D 與您的健康：打破舊規則，帶來新希望」[2]。文章裡說：「像其他脂溶性維他命一樣，維他命 D 被儲存在人體的脂肪組織中。這意味著，如果您的每日攝入量暫時下降，您的身體就可以動用儲備。但這也意味著過量的維他命 D 可以積累到毒性水平。在這些極端情況下，維他命 D 可使血液中的鈣濃度升高，從而引起昏迷、便秘，甚至死亡。但是

需要大量的超劑量才會產生毒性,而每天 2000 IU 被認為是安全的。」

您有沒有看到這篇哈佛文章說「維他命 D 被儲存在人體的脂肪組織中」?那為什麼這位江醫師會說「它在人體被代謝後就變成水溶性,從尿液和汗腺排出」;您有沒有看到這篇哈佛文章說「每天 2000 IU 被認為是安全的」,那為什麼這位江醫師會說「一天可能要 4 萬 IU 以上,連續吃半年才有可能造成中毒」?

最後,我們來看一篇蒂姆‧斯佩克特(Tim Spector)醫生發表的文章。之前提過這位醫生是「英國倫敦國王學院」(King's College London)的教授及遺傳流行病學系主任。他發表超過八百篇研究論文,名列全世界發表最多論文科學家的前 1%。他還擁有好幾個世界頂尖的頭銜,有興趣的讀者可以點擊國王學院的網頁來看這位醫生的簡介 [3]。他在 2018 年 8 月 29 號發表(2019年 2 月 7 號更新)文章,標題是「維他命 D:用於假疾病的假維他命」[4],其中兩段是:

維他命 D 是脂溶性的,因此在體內會累積到高量。雖然補充劑的建議通常以適中的劑量(400 IU)進行,但有些人會因為吃了鱈魚肝油或添加了維他命 D 的牛奶、橙汁或麵包,而導致過量服用。更令人擔憂的是,人們越來越常在網路上購買 4,000

到 20,000 IU 的高劑量補充劑。

維他命 D 濃度非常高的患者在我的診所和其他地方已逐漸成為常態,超劑量中毒的報導也越來越多。幾項隨機試驗表明,高血維他命 D 濃度或服用大劑量維他命 D(800 IU 以上)的患者,跌倒和骨折的風險都意外地增加。維他命 D 絕非安全。

那,為什麼這位江醫師會說「想要維他命 D 中毒,真的要非常努力而且有恆心啊!」?我想,他真的是非常擔心您不夠努力,又缺乏恆心。所以,一定要加油,趕快去買個半年份一千萬 IU,可千萬別辜負這位苦口婆心愛死你的良醫!

維他命 D 無效,是因為吃到活性的?

讀者黃先生 2020 年 8 月來信:「林教授您好。拜讀過《餐桌上的偽科學系列:維他命 D 真相》,獲益良多,且有列文獻出處,實為一本良心佳著,但仍有疑問請教授,江醫師所著書籍稱食用非活性的維生素 D 較不會有問題,不要食用活性的維生素 D 就比較不會有危害,鑑別方式就是買單位寫 IU 的補充劑而非 ug。林教授廣閱許多文獻,不知道有無探討這方面問題。

1.會造成危害的是活性 D,服用非活性維生素 D 是否較無危害?

2. 文獻上關於 D 無效，會不會是使用活性 D 的緣故？」

　　我們先來看看「活性」跟「非活性」到底是什麼意思。大多數人都知道維他命 D 補充劑有 D2 和 D3 兩種，而很多醫生和營養師都會說 D3 比較好。但事實上就臨床實驗證據而言，D2 和 D3 之間並無可認知的差別。請看這篇權威的論文「維他命 D 總覽」[5]。所以，在以下文章，我就只說「維他命 D」，而不再區分 D2 和 D3。

　　人類攝取維他命 D 最主要也最自然的途徑，就是曬太陽。陽光裡的紫外線會把我們皮膚裡的 7- 脫氫膽固醇（7-dehydrocholesterol）轉化成「維他命 D 前身」（Pre-vitamin D）。然後，陽光的溫度會再進一步將「維他命 D 前身」轉化成維他命 D。這個維他命 D 是不具生理作用的，所以就是所謂的「非活性維他命 D」。

　　我們人類攝取維他命 D 的另一條途徑（次要的）就是吃某些種類的食物，例如魚、蛋、蘑菇，這些食物裡的維他命 D 也是「非活性維他命 D」。不管是從陽光，還是從食物中攝取到的維他命 D，都會在肝臟轉化成「降鈣素二醇」（Calcifediol），然後又在腎臟進一步轉化成「骨化三醇」（calcitriol）。這個骨化三醇是具有生理作用的，例如增加腸道吸收鈣的能力，所以就是

所謂的「活性的維他命 D」。

　　骨化三醇是處方藥，是用來預防和治療某些副甲狀腺和腎臟的疾病。也就是說，骨化三醇並非補充劑或保健品。還有，骨化三醇的製造過程和生產成本都比維他命 D 來得困難，來得高，所以價格當然也就比較昂貴。因此，一般民眾幾乎沒有可能會「誤買」到「活性的維他命 D」。

　　可以百分之百確定的是，所有的「維他命 D 補充劑臨床試驗」都是用「非活性維他命 D」做出來的。所以，當我發表文章說「維他命 D」無效時，我所指的是「非活性維他命 D」，也就是一般民眾在吃的維他命 D。

　　台灣有幾位大力提倡吃維他命 D 補充劑的醫生，總是愛用「活性」和「非活性」這個障眼法來推脫維他命 D 無效的事實。他們會說，不是維他命 D 無效，而是你吃錯了。但是，我可以跟你保證，你絕對沒有吃錯，而是因為維他命 D 補充劑真的無效。

　　順便提一下，我在 2020 年 8 月發表文章，標題是「維他命 D：又一神話破滅」之後，有位腎臟科的蔡醫師用臉書傳來一篇論文的連結。這篇論文是 2020 年 7 月 23 號發表在世界第一的《新英格蘭醫學期刊》，標題是「維他命 D 補充劑之用於預防結核病感染和疾病」[6]。這項臨床研究所用的維他命 D 也是非活性

的，而它的結論也是無效。所以，請不要再相信什麼「活性」「非活性」這個藉口。

有關維他命 D 研究的來龍去脈，以及其神話如何一個接一個的破滅，我在 2020 年 3 月出版了專書《維他命 D 真相》來說分明。台灣有位陳醫師看到我這本書之後，在他的臉書推薦，並且附加評論：「補充維他命 D 的重要性和調整酸鹼體質一樣，都是幻想出來的的故事而已」。如果您比較喜歡看影片，那就請搜尋我發表在 YouTube 的「維他命 D 能抗啥」，這是我最近一次演講「你是在科學養生嗎」的片段。

 林教授的科學養生筆記

1. 脂溶性的維他命 D，會因為攝取過量而中毒

2. 維他命 D 補充劑有 D2 和 D3 兩種，很多醫生和營養師都會說 D3 比較好。事實上就臨床實驗證據而言，D2 和 D3 之間並無可認知的差別

3. 所有的「維他命 D 補充劑臨床試驗」都是用「非活性維他命 D」做出來的，指的就是一般民眾在吃的維他命 D

4-9
海藻鈣與鈣質補充劑的問題

＃海藻鈣、心臟病、天然

　　讀者郭先生在 2020 年 6 月來信詢問：「聽說海藻鈣是最好的鈣質，因為它是天然鈣，吸收使用率又最好，是真的嗎？」

鈣：天然的？需要補充？

　　讀者提供的是一篇 2018 年 2 月 5 號的文章，發表在「維他盒子」（Vitabox）保健品公司網站，標題是「專家幫你一次搞懂鈣的功效好處」這篇文章沒有作者，內容也沒有任何人名，所謂的專家大概就是保健品公司本身吧。這篇文章很長，但所要傳達的訊息其實非常簡單，那就是：一、所有人都需要補充鈣，二、最好的鈣補充劑是 Aquamin 品牌的海藻鈣。好笑的是，這位專家竟然是如此糊塗，一方面秀出圖片顯示 Aquamin 品牌是愛爾蘭原廠，但文字內容卻說它是英國原廠。

　　不管如何，這篇文章天花亂墜地給了一大堆要買 Aquamin 品牌的理由，而其中最重要的不外乎是「天然的」及「高吸收率」。有關「天然的」這個常見的行銷噱頭，我早就已經提醒讀者「天然的」非但不見得就比較好，而且還可能是很危險（如毒蘑菇）。我也寫過，美國 FDA 沒有對「天然」下定義，而科學上也一樣無法定義什麼是天然。縱然是從動物或植物萃取出來的營養素，在萃取、純化及製劑的過程中，一定是需要使用一些物理或化學處理。所以，儘管源頭是天然，但最後的產品卻可能已經遠遠偏離天然了（請見《餐桌上的偽科學》104 頁）。

　　如果您還是堅持要「天然的」，那請問，有什麼東西是比食物及飲水來得更天然呢？可是，偏偏就是有人一方面花錢把天然的鈣去除，然後另一方面再花錢買非天然的鈣來吃。這就是所謂的追求天然？（硬水與腎結石並無關連，請複習《餐桌上的偽科學 2》第 192 頁）。

　　至於所謂的海藻鈣具有高吸收率，這篇文章又天花亂墜地給了一大堆數據，但偏偏就是沒說出數據是從何而來。它也說碳酸鈣是最不好的，因為它是合成的，吸收率也是最低的。可是，信譽卓著的梅友診所卻說，如果有需要補充鈣的話，碳酸鈣是首選[1]。我到 Aquamin 這個品牌的網站去搜索，沒看到它有說海藻鈣的吸收率是最高，但卻很諷刺地看到它說海藻鈣就是

碳酸鈣。所以很顯然，海藻鈣有高吸收率這個說法，是台灣這家保健品公司自創的。

Aquamin 這個品牌的網站有列出十三篇與其相關的論文，而其中只有一篇是有測量骨密度的，此文在 2014 年發表，標題是「補充鈣和短鏈果糖低聚醣會影響停經後女性的骨轉換指標，但不會影響骨礦物質密度」[2]。從這個標題就可看出，服用 Aquamin 海藻鈣不會增加骨密度。事實上，過去已經有很多研究發現，服用鈣補充劑不會增加骨密度，也不會降低骨折發生率，例如以下三篇論文：

一、2015 年論文，標題是「鈣攝入和骨礦物質密度：系統評價和薈萃分析」[3]。結論：從飲食來源或通過服用鈣補充劑來增加鈣的攝入量會導致骨礦物質密度的少量非漸進性增加，但這不太可能導致臨床上骨折風險的顯著降低。

二、2015 年論文，標題是「鈣攝入與骨折風險：系統評價」[4]。結論：飲食中鈣的攝入與骨折風險沒有關係，並且沒有臨床試驗證據表明增加飲食中鈣的攝入可以預防骨折。鈣補充劑預防骨折的證據微弱且不一致。

三、2017 年論文，標題是「鈣或維他命 D 補充與社區居住的老年人骨折發生率之間的關聯：系統評價和薈萃分析」[5]。結論：在這項隨機臨床試驗的薈萃分析中，與安慰劑或不進行治

療相比，使用含鈣，維他命 D 或兩者的補充劑與社區居住的老年人骨折的風險較低無關。這些發現不支持在社區居住的老年人中常規使用這些補充劑。

　　哈佛大學的網站有一篇 2018 年 2 月 12 號發表的文章，標題是「鈣、維他命 D 和骨折（天哪！）」[6]。這篇文章提到：我們建議人們從食物中獲取鈣。鈣的飲食來源無處不在，包括牛奶、酸奶、綠葉蔬菜，如羽衣甘藍、豆類食品，如黑眼豌豆、豆腐、杏仁、橙汁等等。比起服用鈣或維他命 D 補充劑，有其他的方法可以更有效地保持骨骼健康和降低骨折風險，例如規律的體育鍛煉。（可複習《餐桌上的偽科學系列：維他命 D 真相》136 頁）。

　　約翰霍普金斯大學的網站有一篇文章，標題是「鈣補充劑：您應該服用嗎？」[7]。此文有一個小節的標題是「最好的鈣補充劑是『沒有』」（The Best Calcium Supplement Is None），此段引用了艾琳・麥可斯（Erin Michos）醫生的說法：「多項研究發現，服用鈣補充劑對預防髖部骨折幾乎沒有益處。另一方面，最近的研究表明鈣補充劑與結腸息肉（可能會癌變）和腎結石的風險增加有關。此外，鈣補充劑可能會增加心臟動脈中鈣積累的風險。」另外，有關攝取鈣補充劑也有可能會增加心臟病風險，請看下一段。

服用鈣質補充劑的風險

2016 年 10 月 11 號，《美國心臟協會期刊》（Journal of the American Heart Association）發表了一篇鈣補充劑會增加心臟病風險的研究報告[8]。除了是發表在心臟協會的旗艦刊物之外，該研究的執行團隊是約翰霍普金斯大學心臟科的醫生和科學家，所以此論文可以說是具有指標性的地位。

根據美國國立衛生研究院的資料，目前約有 43% 的美國成年人服用含鈣的補充劑，而超過一半的六十歲以上的婦女服用鈣補充劑以減少骨質疏鬆症的風險。在這個研究裡，2,742 名 45 至 85 歲之間的成年人提供他們日常飲食和吃何種補充劑的資料。他們也接受斷層掃描來測量他們冠狀動脈鈣化的程度（已知的心臟病危險因素）。調查所得到的第一個結果是，鈣攝取總量最高的 20% 的人（每天 1400 毫克以上），與最低的 20% 的人（每天 400 毫克以下）相比，心臟病風險降低了 27%。所得到的第二個結果是，參與調查的人裡面有 46% 是服用鈣補充劑，而他們與不服用鈣補充劑的人相比，心臟病風險增加了 22%。也就是說，**當鈣的攝取是來自於食物，量越高就越能避免心臟病。但是，當鈣的攝取是來自於補充劑，那心臟病的風險就會增加。研究人員說：很顯然地，我們的身體能區分鈣是來自於**

食物或補充劑。而其原因可能是補充劑含有鈣鹽，或者是被一次性地大量服用，以至於身體無法正常處理。

事實上，2016 年 8 月 17 日，美國神經醫學協會的旗艦刊物《神經病學》（Neurology）就已發表了一篇鈣補充劑可能增加失憶症風險的研究報告[9]。而該報告的作者也提到，我們的身體會區分鈣是來自於食物或補充劑。

當然，也有其他研究報告說，鈣補充劑不會增加心臟病風險。但，不管是會還是不會，許多食物是含有豐富的鈣（如奶酪、酸奶、牛奶、大豆、沙丁魚、菠菜、羽衣甘藍和蕪菁），那為什麼我們還要選擇吃可能有危險性的鈣補充劑呢？

 林教授的科學養生筆記

1. 鈣的飲食來源無處不在，包括牛奶、酸奶、綠葉蔬菜，如羽衣甘藍、豆類食品，如黑眼豌豆、豆腐、杏仁、橙汁等等。比起服用鈣或維他命 D 補充劑，有其他的方法可以更有效地保持骨骼健康和降低骨折風險，例如規律的體育鍛煉。

2. 過去已經有很多研究發現，服用鈣補充劑不會增加骨密度，也不會降低骨折發生率。也有報告指出鈣補充劑有可能增加心臟病和失憶症的風險。

附錄：**資料來源**

掃描二維碼即可檢視
全書附錄網址及原文

Part 1
常見食材安全分析

1-1　瘦肉精爭議與科學證據（上）

1　〈台灣使用高毒性瘦肉精的證據〉科學的養生保健網站 2016 年 6 月 18 號，https://bit.ly/3nhCEoM

2　2002 年 03 月 26 日，中新網報導，「造成數百市民中毒的廣東河源瘦肉精中毒案開庭」http://www.chinanews.com/2002-03-26/26/172878.html

3　2013 年 10 月 31 號，台北榮總臨床毒物學科報告，Late diagnosis of an outbreak of leanness-enhancing agent-related food poisoning，https://pubmed.ncbi.nlm.nih.gov/23928328/

4　李世隆醫師「瘦肉精是什麼？對人體有何影響呢？」2012 年 3 月 24 日，https://www.kingnet.com.tw/news/single?newId=27736

5　2016 年 5 月 4 號，元氣網新聞「瘦肉精有多毒？躁鬱變嚴重，癌轉移增 22 倍」，https://health.udn.com/health/story/6008/1672003；「萊克多巴胺傷心毀腦」新頭殼 2016 年 5 月 4 號「蘇偉碩：嚴禁瘦肉精美豬」，https://www.newtalk.tw/news/view/2016-05-04/72814

6　小英政府該如何面對瘦肉精美豬？一專訪蘇偉碩醫師（上），https://enews.url.com.tw/cultivator/83761

7　〈認識瘦肉精〉賴秀穗名譽教授，http://fda-ractopamine.blogspot.com/2012/03/blog-post.html

8　科學的養生保健網站 2016 年 6 月 22 號〈瘦肉精的人道問題及。。。〉https://bit.ly/3krrMCG

9　賴秀穗教授文章，2011 年 1 月 19 日「不要把瘦肉精政治化」，https://tw.appledaily.com/headline/20110119/5RWITP5ZJ2KKQX2BDBW2K7CRNU/

1-2　瘦肉精爭議與科學證據（下）

1　分析美豬瘦肉精的問題，https://bit.ly/3lnViKR

2 The choice for improved late-finishing performance and profitability，https://www.elanco.us/products-services/swine/paylean

3 愛俄華州立大學討論「先天性顫抖」的網頁，https://vetmed.iastate.edu/vdl/resources/client-services/pathogens/congenital-tremors

4 先天性顫抖資訊，Congenital Tremor (Myoclonia Congenita)，https://www.pigprogress.net/Health/Health-Tool/diseases/Congenital-tremor/

5 2007 年 8 年 28 號，大紀元報導「人用瘦肉精，氣喘藥遭濫用減肥」，https://www.epochtimes.com/b5/7/8/29/n1816597.htm

6 2002 年 美 國 FDA 報 導，https://www.fda.gov/downloads/AnimalVeterinary/Products/ApprovedAnimalDrugProducts/FOIADrugSummaries/ucm062442.pdf

7 2014 年 科 學 報 導，Increased Mortality in Groups of Cattle Administered the β-Adrenergic Agonists Ractopamine Hydrochloride and Zilpaterol Hydrochloride，https://journals.plos.org/plosone/article?id=10.1371/journal.pone.0091177

8 狂牛症的參考資料：https://www.ncbi.nlm.nih.gov/pubmed/21155168
https://news.ltn.com.tw/news/focus/paper/450654
http://www.oie.int/animal-health-in-the-world/bse-specific-data/number-of-reported-cases-worldwide-excluding-the-united-kingdom/
https://ecdc.europa.eu/en/vCJd/facts
https://www.fda.gov/food/cfsan-constituent-updates/fda-announces-final-rule-bovine-spongiform-encephalopathy
https://www.centerforfoodsafety.org/issues/1040/mad-cow-disease/risks-from-vitamin-supplements
https://www.cdc.gov/prions/bse/index.html
https://www.webmd.com/skin-problems-and-treatments/news/20180308/collagen-supplements-what-the-research-shows

1-3 養殖鮭魚和魚皮的健康分析

1 2004 年「對養殖鮭魚中有機汙染物的全球評估」Global assessment of organic contaminants in farmed salmon，https://pubmed.ncbi.nlm.nih.gov/14716013/

2 2004「養殖和野生鮭魚中多溴聯苯醚的全球評估」Global assessment of polybrominated diphenyl ethers in farmed and wild salmon，https://pubmed.ncbi.nlm.nih.gov/15506184/

3 2004「養殖大西洋和野生太平洋鮭魚組織中金屬的調查」A survey of metals in tissues of farmed Atlantic and wild Pacific salmon，https://pubmed.ncbi.nlm.nih.gov/15378985/

4 2005 年「養殖和野生鮭魚的脂質成分和汙染物」Lipid composition and contaminants in farmed and wild salmon，https://pubmed.ncbi.nlm.nih.gov/16323755/

5 2005 年「食用養殖和野生鮭魚的益處和風險的定量分析」Quantitative Analysis of the Benefits and Risks of Consuming Farmed and Wild Salmon，https://academic.oup.com/jn/article/135/11/2639/4669888

6 2006 年「來自緬因州、加拿大東部和挪威的養殖大西洋鮭魚和來自阿拉斯加的野生鮭魚中的 PCBs、PCDD / Fs 和有機氯農藥」PCBs, PCDD/Fs, and organochlorine pesticides

in farmed Atlantic salmon from Maine, eastern Canada, and Norway, and wild salmon from Alaska，https://pubmed.ncbi.nlm.nih.gov/16999109/

7　2007 年「市場大小的養殖和不列顛哥倫比亞省野生鮭魚的肉質量」Flesh quality of market-size farmed and wild British Columbia salmon，https://pubmed.ncbi.nlm.nih.gov/17310704/

8　2008 年「在美國東北部銷售的養殖和野生鮭魚中的多溴聯苯醚（PBDEs）」Polybrominated diphenyl ethers (PBDEs) in farmed and wild salmon marketed in the Northeastern United States，https://pubmed.ncbi.nlm.nih.gov/18313722/

9　2008 年「加拿大不列顛哥倫比亞省養殖和野生鮭魚中的汞和其他微量元素」Mercury and other trace elements in farmed and wild salmon from British Columbia, Canada，https://pubmed.ncbi.nlm.nih.gov/18211126/

10　2011 年「來自加拿大不列顛哥倫比亞省的養殖鮭魚和野生鮭魚中有機氯農藥的殘留濃度」Flesh residue concentrations of organochlorine pesticides in farmed and wild salmon from British Columbia, Canada，https://pubmed.ncbi.nlm.nih.gov/21898562/

11　2017 年「與野生大西洋鮭魚相比，養殖鮭魚中持久性有機汙染物、金屬和海洋歐米茄 3- 脂肪酸 DHA 的含量較低」Lower levels of Persistent Organic Pollutants, metals and the marine omega 3-fatty acid DHA in farmed compared to wild Atlantic salmon，https://pubmed.ncbi.nlm.nih.gov/28189073/

12　2019 年「糧農組織不同區域的野生和養殖鮭魚中存在環境汙染物和抗生素殘留物的風險特徵」Risk characterisation from the presence of environmental contaminants and antibiotic residues in wild and farmed salmon from different FAO zones，https://pubmed.ncbi.nlm.nih.gov/30632927/

13　「食品行業的恐懼散播已經成熟」Fear-mongering ripe in the food industry，https://www.fishfarmingexpert.com/article/fear-mongering-ripe-in-the-food-industry/

14　「具爭議性的學者回到鮭魚引起的爭議」Controversial academic returns to the fray over salmon，https://www.fishfarmermagazine.com/archive-2/controversial-academic-returns-to-the-fray-over-salmon-fishupdate-com/

15　華盛頓州衛生部「養殖鮭魚 vs. 野生鮭魚」Farmed Salmon vs. Wild Salmon，https://www.doh.wa.gov/CommunityandEnvironment/Food/Fish/FarmedSalmon

16　「養殖還是野生？兩種鮭魚口味都很好，對您也都有好處」Farmed Or Wild? Both Types Of Salmon Taste Good And Are Good For You，https://seafood.oregonstate.edu/sites/agscid7/files/snic/farmed-or-wild-both-types-of-salmon-taste-good-and-are-good-for-you.pdf

17　哈佛大學健康網站「在魚類中找到 omega-3 脂肪：養殖或野生」Finding omega-3 fats in fish: Farmed versus wild. https://www.health.harvard.edu/blog/finding-omega-3-fats-in-fish-farmed-versus-wild-201512238909

18　2013 年論文「去皮對鮭魚和鱒魚魚片中汙染物含量的影響」Effects of skin removal on contaminant levels in salmon and trout filets，https://pubmed.ncbi.nlm.nih.gov/23186633/

19　2014 年論文「海洋來源的膠原蛋白及其潛在應用」Marine Origin Collagens and Its Potential Applications，https://www.ncbi.nlm.nih.gov/pmc/articles/PMC4278207/

20　2016 年論文「伊比利亞半島西海岸不同丟棄魚類之膠原蛋白的定性」Characterization of Collagen from Different Discarded Fish Species of the West Coast of the Iberian Peninsula，https://www.tandfonline.com/doi/full/10.1080/10498850.2013.865283

1-4 牛奶的謠言與科學

1   環境急診室文章「牛奶不建議喝的醫學證據」https://lovingclinic.blogspot.com/2017/07/blog-post_8.html

2   2014 年 10 月 28 號英國醫學期刊「男女隊列研究：牛奶攝入量和男女死亡和骨折風險」Milk intake and risk of mortality and fractures in women and men: cohort studies，https://www.bmj.com/content/349/bmj.g6015

3   2014 年 11 月 26 號英國醫學期刊「研究牛奶攝入量，死亡率和骨折的統計問題」Statistical problems with study on milk intake and mortality and fractures，https://www.bmj.com/content/349/bmj.g6991

4   2014 年 11 月 26 號英國醫學期刊「無法解釋的性別差異破壞了牛奶攝入與死亡和骨折風險之間的聯繫」Unaccounted sex differences undermine association between milk intake and risk of mortality and fractures，https://www.bmj.com/content/349/bmj.g7012

5   2017 年 8 月論文「較高的牛奶攝入量會增加骨折風險：是混雜還是真實的關聯？」Higher milk intake increases fracture risk: confounding or true association? https://pubmed.ncbi.nlm.nih.gov/28567536/

6   2020 年 2 月《新英格蘭醫學期刊》綜述論文「牛奶與健康」Milk and Health，https://www.nejm.org/doi/full/10.1056/NEJMra1903547

7   蘇珊·科門乳癌基金會「乳製品和乳癌風險」DAIRY PRODUCTS AND BREAST CANCER RISK，https://www.komen.org/breast-cancer/facts-statistics/research-studies/topics/dairy-products-and-breast-cancer-risk/

8   麥基爾大學「牛奶和乳癌之間的可能關聯並不絕對是胡說八道」A Possible Link Between Milk and Breast Cancer is Not Udder Nonsense，https://www.mcgill.ca/oss/article/health-nutrition/possible-link-between-milk-and-breast-cancer-not-udder-nonsense

9   美國癌症研究所 2020 年 3 月 18 號「一項研究表明牛奶會增加患乳癌的風險，但美國癌症研究所的專家說不要太早下定論」A Study Suggests Milk Increases the Risk of Breast Cancer, but AICR Experts Say Not So Fast，https://www.aicr.org/news/a-study-suggests-milk-increases-the-risk-of-breast-cancer-but-aicr-experts-say-not-so-fast/

10 HEHO 網站，Yahoo 新聞轉載「10 多年來堅持不喝牛奶！台灣糖尿病之父：牛奶喝越多，兒童第一型糖尿病的病患可能越多」https://heho.com.tw/archives/76682

11 2020 年 2 月 7 日《食品科學與營養評論》論文「β- 酪碼啡肽 -7 的發生，生物學特性及其對人體健康的潛在影響：當前的知識和關注」Occurrence, biological properties and potential effects on human health of β-casomorphin 7: Current knowledge and concerns，https://pubmed.ncbi.nlm.nih.gov/32033519/

1-5 嬰兒與乳品的注意事項

1   2018 年 9 月 27 號元氣網「90％東亞人乳糖不耐！持續練習喝牛奶能扭轉嗎？」https://health.udn.com/health/story/10561/3389998

2   1993 年論文「乳糖消化不良者對持續牛奶攝入的適應」Adaptation of lactose maldigesters to continued milk intakes，https://pubmed.ncbi.nlm.nih.gov/8249871/

3 1996 年論文「每日餵養乳糖所引起的結腸適應可以降低乳糖不耐症」Colonic adaptation to daily lactose feeding in lactose maldigesters reduces lactose intolerance，https://pubmed.ncbi.nlm.nih.gov/8694025/

4 2000 年論文「餵養富含乳製品的飲食可以改善非洲裔美國少女的乳糖消化和不耐症」Improved lactose digestion and intolerance among African-American adolescent girls fed a dairy-rich diet，https://pubmed.ncbi.nlm.nih.gov/10812376/

5 1998 年普渡大學文章，「乳糖不耐症？多喝牛奶」Lactose intolerant? Drink more milk，https://www.agriculture.purdue.edu/agricultures/past/Spring1998/1998-Spring-Spotlights.pdf

6 歐盟 2018 年 2 月 26 號文件，https://eur-lex.europa.eu/legal-content/EN/TXT/PDF/?uri=CELEX:32018R0290

1-6　羊奶的營養成分分析

1 免疫牛奶和口服免疫球蛋白相關論文，Perspectives on Immunoglobulins in Colostrum and Milk，https://www.ncbi.nlm.nih.gov/pmc/articles/PMC3257684/；Survival and digestibility of orally-administered immunoglobulin preparations containing IgG through the gastrointestinal tract in humans，https://www.ncbi.nlm.nih.gov/pmc/articles/PMC4355420/

2 「羊奶：這是適合你的奶嗎？」Goat's Milk: Is This the Right Milk for You? https://www.healthline.com/health/benefits-of-goat-milk

3 「為何要用配方奶取代牛奶」Why Formula Instead of Cow's Milk? https://www.healthychildren.org/English/ages-stages/baby/formula-feeding/Pages/Why-Formula-Instead-of-Cows-Milk.aspx

4 美國乳品出口委員會提供的營養成分表，US Dairy Export Council，https://www.thinkusadairy.org/products/milk-powders/health-and-nutrition

5 2014 論文「環境裡的什麼會影響青春期？」What is in our environment that effects puberty? https://pubmed.ncbi.nlm.nih.gov/23602892/

6 2011 年「乳製品攝取與整體乳品消耗量：與初潮的關聯 1999-2004 NHANES」Milk Intake and Total Dairy Consumption: Associations with Early Menarche in NHANES 1999-2004，https://pubmed.ncbi.nlm.nih.gov/21347271/

7 2012 年論文「早年豆漿攝取與初潮年紀」Early life soy exposure and age at menarche，https://www.ncbi.nlm.nih.gov/pmc/articles/PMC3443957/

8 兩篇塑化劑與性早熟的論文，2015 年 Association of PAEs with Precocious Puberty in Children: A Systematic Review and Meta-Analysis，https://pubmed.ncbi.nlm.nih.gov/26633449/；2017 年，The Effect of Bisphenol A on Puberty: A Critical Review of the Medical Literature，https://pubmed.ncbi.nlm.nih.gov/28891963/

1-7　塑膠袋與塑化劑的危害

1 2005 年論文「產前暴露於鄰苯二甲酸酯的男嬰的男性器肛門距離減少」Decrease in Anogenital Distance among Male Infants with Prenatal Phthalate Exposure，https://

pubmed.ncbi.nlm.nih.gov/16079079/
2　台灣國家衛生研究院報告「青春期前鄰苯二甲酸酯暴露和生殖激素以及性激素結合球蛋白－台灣鄰苯二甲酸酯汙染食品事件」Phthalate exposure and reproductive hormones and sex-hormone binding globulin before puberty – Phthalate contaminated foodstuff episode in Taiwan，https://pubmed.ncbi.nlm.nih.gov/28410414/
3　2016 年文章「大小並不重要：陰莖大小和焦慮的演化」Size did not matter: An evolutionary account of the variation in penis size and size anxiety，https://www.tandfonline.com/doi/pdf/10.1080/23311908.2016.1147933
4　「塑膠袋裝熱食，恐產出多種毒素」http://www.mold-ok.com/news-info.asp?id=844
5　「別再用塑膠袋裝熱食，乳癌高 2.4 倍！」https://www.101media.com.tw/content/83AjjM0bTKDffvpG0rNOuDquvoidaE
6　林杰樑醫師〈塑化劑（鄰苯二甲酸酯鹽類）對健康的影響〉https://www.greencross.org.tw/enviroment/DEHP.htm

1-8　草菇、番茄、西瓜，論烹煮之重要

1　西瓜和番茄的顏色比較，Comparative fruit colouration in watermelon and tomato，https://www.sciencedirect.com/science/article/abs/pii/S0963996905000839
2　2009 年論文「在健康成人中，橘子番茄比紅番茄增加的總含量和四 - 順式 - 茄紅素異構體濃度」Tangerine Tomatoes Increase Total and Tetra-Cis-Lycopene Isomer Concentrations More Than Red Tomatoes in Healthy Adult Humans，https://pubmed.ncbi.nlm.nih.gov/18608554/
3　2014 年論文「選擇遺產番茄時人體內四順式茄紅素的生物利用度和四順式茄紅素的濃度」The bioavailability of tetra-cis-lycopene in humans and tetra-cis lycopene concentrations in selections of heritage tomatoes，https://www.heritagefoodcrops.org.nz/wp-content/uploads/2020/02/2014-bioavailability-of-tetra-cis-lycopene-in-humans.pdf
4　2015 年論文「跟紅番茄汁相比，橘子番茄汁的順式異構體的生物利用度提高，這是一項隨機、交叉的臨床試驗」Enhanced Bioavailability of Lycopene When Consumed as Cis-Isomers From Tangerine Compared to Red Tomato Juice, a Randomized, Cross-Over Clinical Trial，https://pubmed.ncbi.nlm.nih.gov/25620547/
5　2003 年論文「食用西瓜汁會增加人體中茄紅素和 β 胡蘿蔔素的血漿濃度」Consumption of Watermelon Juice Increases Plasma Concentrations of Lycopene and β-Carotene in Humans，https://academic.oup.com/jn/article/133/4/1043/4688088
6　2004 年論文「鮮切西瓜的肉質和茄紅素穩定性」Flesh quality and lycopene stability of fresh-cut watermelon，https://ucanr.edu/datastoreFiles/608-644.pdf
7　2017 年論文「用交叉流微濾從西瓜中濃縮茄紅素」（Concentration and purification of lycopene from watermelon by crossflow microfiltration，https://hal.archives-ouvertes.fr/hal-01517191/document
8　2012 年論文「茄紅素的代謝及其生物重要性」Lycopene metabolism and its biological significance，https://www.ncbi.nlm.nih.gov/pmc/articles/PMC3471203/pdf/ajcn9651214S.pdf
9　Youtube 影片，標題「痔瘡是肝臟機能引起的」2014 年 11 月 13 號，

http://www.youtube.com/watch?v=0woxHcod9RA

10 1983 年論文「熱處理對紅豆紅血球凝集素活性的影響」Effect of Heat Processing on Hemagglutinin Activity in Red Kidney Beans，https://onlinelibrary.wiley.com/doi/abs/10.1111/j.1365-2621.1983.tb14831.x

1-9 醃製食品與泡菜的疑慮

1 世界癌症研究基金會發表的胃癌數據，Stomach cancer statistics，https://www.wcrf.org/dietandcancer/cancer-trends/stomach-cancer-statistics

2 1994 年論文「韓國西南部兩種亞硝化食品中的 N- 亞硝基化合物」N-nitroso compounds in two nitrosated food products in southwest Korea，https://pubmed.ncbi.nlm.nih.gov/7813983/

3 2002 年論文「韓國的膳食因素和胃癌：病例對照研究」Dietary factors and gastric cancer in Korea: a case-control study，https://pubmed.ncbi.nlm.nih.gov/11802218/

4 2005 年論文「泡菜和大豆醬是胃癌的危險因素」（Kimchi and soybean pastes are risk factors of gastric cancer，https://pubmed.ncbi.nlm.nih.gov/15929164/

5 2011 年論文，「韓國胃癌流行病學」Gastric cancer epidemiology in Korea，https://pubmed.ncbi.nlm.nih.gov/22076217/

6 2012 年論文「醃製食品和胃癌的風險－對中英文獻的系統回顧和薈萃分析」Pickled food and risk of gastric cancer–a systematic review and meta-analysis of English and Chinese literature，https://pubmed.ncbi.nlm.nih.gov/22499775/

7 2014 年論文「韓國人群的飲食和癌症風險：薈萃分析」Diet and cancer risk in the Korean population: a meta- analysis，https://pubmed.ncbi.nlm.nih.gov/25339056/

8 提到醃漬蔬果的亞硝酸含量極低的兩篇論文：https://www.sciencedirect.com/science/article/abs/pii/S0956713518301026，
https://www.sciencedirect.com/science/article/abs/pii/S0956713512003027

9 硝酸及亞硝酸對健康是有益的參考資料：https://www.ahajournals.org/doi/full/10.1161/jaha.116.003402
https://www.ncbi.nlm.nih.gov/pubmed/22882425
https://www.ncbi.nlm.nih.gov/pmc/articles/PMC6147587/
https://observatoireprevention.org/en/2018/03/15/the-effects-of-nitrates-and-nitrites-on-the-cardiovascular-system/
https://www.bbc.com/future/article/20190311-what-are-nitrates-in-food-side-effects
https://www.healthline.com/nutrition/are-nitrates-and-nitrites-harmful#section3
https://www.nhs.uk/news/food-and-diet/nitrate-rich-leafy-greens-good-for-the-heart/

1-10 蜂蜜的健康分析

1 2014 年 12 月 23 號的綜合分析報告「蜂蜜對於孩童急性咳嗽的效果」Honey for acute cough in children，https://pubmed.ncbi.nlm.nih.gov/25536086/

2   2017 年 2 月的小型臨床報告，Effects of Honey on Oral Mucositis among Pediatric Cancer Patients Undergoing Chemo/Radiotherapy Treatment at King Abdulaziz University Hospital in Jeddah, Kingdom of Saudi Arabia，https://pubmed.ncbi.nlm.nih.gov/28270852/

3   2015 年 10 月 1 號臨床研究報告「蜂蜜、蔗糖、高果糖玉米糖漿的食用，會對葡糖糖耐受和不耐受個體，產生類似的新陳代謝反應」Consumption of Honey, Sucrose, and High-Fructose Corn Syrup Produces Similar Metabolic Effects in Glucose-Tolerant and -Intolerant Individuals，https://academic.oup.com/jn/article/145/10/2265/4590115

4   2008 年 大 型 分 析 論 文，International Tables of Glycemic Index and Glycemic Load Values: 2008，https://care.diabetesjournals.org/content/diacare/31/12/2281.full.pdf

5   2014 年 綜 述 性 論 文，The prevention and control the type-2 diabetes by changing lifestyle and dietary pattern，https://www.ncbi.nlm.nih.gov/pmc/articles/PMC3977406/

6   梅 友 診 所 文 章，Diabetes foods: Can I substitute honey for sugar? https://www.mayoclinic.org/diseases-conditions/diabetes/expert-answers/diabetes/faq-20058487

7   英國皇家外科醫學院網站 2017 年論文「外科與蜂蜜」Surgery and honey，https://publishing.rcseng.ac.uk/doi/full/10.1308/rcsbull.2017.52

8   陳裕文教授指導的碩士論文，http://www.airitilibrary.com/Publication/alDetailedMesh1?DocID=U0046-2608201521483000

9   梅友診所的蜂蜜資訊，https://www.mayoclinic.org/drugs-supplements-honey-art-20363819

10 紀念斯隆凱特琳癌症中心的麥盧卡蜂蜜資訊，https://www.mskcc.org/cancer-care/integrative-medicine/herbs/manuka-honey

11 2011 年 7 月哈佛醫學院健康網站文章「蜂蜜有益健康嗎？」Honey for health？https://www.health.harvard.edu/staying-healthy/honey-for-health

12 「蜂蜜的甜蜜科學」The Sweet Science of Honey，https://sugarscience.ucsf.edu/the-sweet-science-behind-honey.html#.X5AMCElzZBy

1-11   MCT 油、印加果油、亞麻籽油的營養分析

1 「MCT 油的效益與副作用的比較：弊大於利嗎？」MCT Oil Benefits vs. Side Effects: More Harm Than Good? https://www.superfoodly.com/mct-oil-benefits-side-effects/

2   2016 年論文「人類的椰子油食用量與心血管風險因素」，Coconut oil consumption and cardiovascular risk factors in humans，https://pubmed.ncbi.nlm.nih.gov/26946252/

3   2015 年論文「中鏈三酸甘油脂對於減重和身體組成的功效：隨機控制綜合分析」Effects of medium-chain triglycerides on weight loss and body composition: a meta-analysis of randomized controlled trials，https://pubmed.ncbi.nlm.nih.gov/25636220/

4   2012 年論文「中鏈三酸甘油脂在飲食中的攝取對於身體組成的影響：系統回顧」Influence of the dietary intake of medium chain triglycerides on body composition, energy expenditure and satiety: a systematic review，https://pubmed.ncbi.nlm.nih.gov/22566308/

5   2014 年論文「中鏈三酸甘油脂 (Axona®) 在中度阿茲海默症的治療角色」Role of Medium Chain Triglycerides (Axona®) in the Treatment of Mild to Moderate Alzheimer's Disease，https://pubmed.ncbi.nlm.nih.gov/24413538/

6   2012 年 論 文，Characterization and authentication of a novel vegetable source of

omega-3 fatty acids, sacha inchi (Plukenetia volubilis L.) oil，https://pubmed.ncbi.nlm.nih.gov/23107745/

7 2007 年論文「成人中長鏈多不飽和化合物的合成極為有限：對其飲食必需性和作為補充劑的用途的影響」Extremely limited synthesis of long chain polyunsaturates in adults: implications for their dietary essentiality and use as supplements，https://pubmed.ncbi.nlm.nih.gov/17622276/

8 DHA-EPA Omega-3 Institute 網站，http://www.dhaomega3.org/Overview/Conversion-Efficiency-of-ALA-to-DHA-in-Humans

9 2016 發表的總匯文章，Metabolism and functional effects of plant-derived omega-3 fatty acids in humans，https://pubmed.ncbi.nlm.nih.gov/27496755/

10 2020 年 1 月網路文章，Best Omega-3 Supplement: Flaxseed Oil vs. Fish Oil，https://universityhealthnews.com/daily/nutrition/the-best-omega-3-supplement-flaxseed-oil-vs-fish-oil/

1-12 鹽，趣事與謠言

1 麥基爾大學「食鹽、猶太鹽、海鹽、喜馬拉雅鹽。我應該買哪一個？」Table salt, kosher salt, sea salt, Himalayan salt. Which one should I buy? https://www.mcgill.ca/oss/article/health-nutrition-you-asked/table-salt-kosher-salt-sea-salt-himalayan-salt-which-one-should-i-buy?

2 WHO 指南，Fortification of food-grade salt with iodine for the prevention and control of iodine deficiency disorders，https://www.ncbi.nlm.nih.gov/books/NBK254243/

3 慕盛學的博客，http://blog.sina.com.cn/s/articlelist_1414019184_0_1.html

4 FDA 食物加碘規範，FDA regulations regarding iodine addition to foods and labeling of foods containing added iodine，https://pubmed.ncbi.nlm.nih.gov/27534626/

5 2015 年綜述論文「缺乏碘與甲狀腺失調」Iodine deficiency and thyroid disorders，https://pubmed.ncbi.nlm.nih.gov/25591468/

6 2015 年論文「碘攝取做為甲狀腺癌的風險因子：一個動物和人類研究的回顧」Iodine intake as a risk factor for thyroid cancer: a comprehensive review of animal and human studies，https://www.ncbi.nlm.nih.gov/pmc/articles/PMC4490680/

Part 2
新冠肺炎謠言區

2-1 老藥新用，瑞德西韋與奎寧的分析

1 芝加哥論壇報文章，Coronavirus drug price 'an outrage'：$2,340 for remdesivir, or even more for those with private insurance，https://www.chicagotribune.com/coronavirus/

ct-nw-coronavirus-remdesivir-drug-price-20200629-s6tbsvjoozczrokqkyfa4wsaqm-story.
html

2-2　維他命補充劑抗新冠，真的嗎？

1　JAMA 2021 年 2 月 12 號臨床研究「大劑量鋅和抗壞血酸的補充相對於常規護理對
新冠病毒感染時症狀長度和減輕的影響」Effect of High-Dose Zinc and Ascorbic Acid
Supplementation vs Usual Care on Symptom Length and Reduction Among Ambulatory
Patients With SARS-CoV-2 Infection，https://pubmed.ncbi.nlm.nih.gov/33576820/

2　JAMA 專家評論「治療輕度 COVID-19 的補充劑－從 A 到 Z 用科學挑戰健康信仰」
Supplements for the Treatment of Mild COVID-19—Challenging Health Beliefs With
Science From A to Z，https://pubmed.ncbi.nlm.nih.gov/33576814/

3　JAMA 2021 年 2 月 17 號臨床研究「一次大劑量維他命 D3 對中度至重度 COVID-19 患
者住院時間的影響」Effect of a Single High Dose of Vitamin D3 on Hospital Length of
Stay in Patients With Moderate to Severe COVID-19，https://pubmed.ncbi.nlm.nih.
gov/33595634/

4　JAMA 2021 年 2 月 17 號編輯評論，維他命 D3 治療 COVID-19：不同疾病，相同答案，
https://jamanetwork.com/journals/jama/fullarticle/2776736

5　McGill 大學「科學與社會辦公室」2021 年 3 月 16 號「維他命 D 和新冠肺炎的真相」The
Truth about Vitamin D and COVID-19 ，https://www.mcgill.ca/oss/article/covid-19-health/
truth-about-vitamin-d-and-covid-19

2-3　新冠疫苗，基礎知識與優劣分析

1　美國科學與健康協會，2020 年 11 月 17 號，Will COVID End The Anti-GMO Movement?
https://www.acsh.org/news/2020/11/17/will-covid-end-anti-gmo-movement-15161

2-4　精油防疫的誤解與真相

1　「不，『抗病毒精油』可能不會阻止您生病」No, 'anti-viral essential oils' probably won't
stop you getting ill，https://metro.co.uk/2020/02/07/no-anti-viral-essential-oils-probably-
wont-stop-getting-12198897/

2　戰痘醫生戳破美容大師蜜雪兒‧潘的主張，即燒『抗病毒』精油可在病毒進入系統前消
滅 Dr. Pimple Popper shut down beauty guru Michelle Phan's claim that burning 'antiviral'
essential oils can kill off viruses before they enter your system，https://www.insider.com/
dr-pimple-popper-michelle-phan-antiviral-essential-oils-wuhan-coronavirus-2020-2

3　2020 年 2 月 5 號《國家網路醫藥》「防範武漢肺炎！芳療醫學專家教你善用精油因應呼吸
道感染疫情」https://www.kingnet.com.tw/news/single?newId=44217

4　梅友診文章「芳香療法好處為何？」What are the benefits of aromatherapy? https://

www.mayoclinic.org/healthy-lifestyle/consumer-health/expert-answers/aromatherapy/faq-20058566

5 約翰霍普金斯大學文章「芳香療法：精油真的有效嗎？」Aromatherapy: Do Essential Oils Really Work? https://www.hopkinsmedicine.org/health/wellness-and-prevention/aromatherapy-do-essential-oils-really-work

6 約翰霍普金斯大學文章「2019 新型冠狀病毒：迷思 vs 事實」2019 Novel Coronavirus: Myth vs. Fact，https://www.hopkinsmedicine.org/health/conditions-and-diseases/coronavirus/2019-novel-coronavirus-myth-versus-fact

7 哈佛大學文章「要小心冠狀病毒的新聞的來源」Be careful where you get your news about coronavirus，https://www.health.harvard.edu/blog/be-careful-where-you-get-your-news-about-coronavirus-2020020118801

8 2014 年《美國精油和天然產品期刊》「精油和蒸氣的抗流感病毒活性」Anti-influenza virus activity of essential oils and vapors，https://www.researchgate.net/publication/267035381_Anti-influenza_virus_activity_of_essential_oils_and_vapors

9 2013 年《霧氣科學期刊》「茶樹和尤加利樹油的霧氣和蒸氣的抗病毒活性」Antiviral activity of tea tree and eucalyptus oil aerosol and vapour，https://www.researchgate.net/publication/256734996_Antiviral_activity_of_tea_tree_and_eucalyptus_oil_aerosol_and_vapour?fbclid=IwAR2PqSbyfTEcCA1kDttKX1o2Ptdi5IbowbYJjviax3Z6K××GvlqSPlYJTLo

10 2012 年《霧氣科學期刊》「茶樹和尤加利樹油滅活空氣傳播的流感病毒」Inactivation of Airborne Influenza Virus by Tea Tree and Eucalyptus Oils，https://www.tandfonline.com/doi/full/10.1080/02786826.2012.708948

11 《芳香療法科學：醫療保健專業人員指南》Aromatherapy Science：A Guide for Healthcare Professionals；篇名「芳香療法的安全性問題」The safety issue in aromatherapy，http://www.pharmpress.com/files/docs/aromascich07.pdf

12 In vitro comparison of three common essential oils mosquito repellents as inhibitors of the Ross River virus，https://journals.plos.org/plosone/article?id=10.1371/journal.pone.0196757

2-5　冠狀病毒恐慌與次氯酸水的分析（上）

1 2015 年論文「透過體外實驗評估噴霧的次氯酸溶液對禽流感病毒的殺病毒活性」Evaluation of sprayed hypochlorous acid solutions for their virucidal activity against avian influenza virus through in vitro experiments，https://www.ncbi.nlm.nih.gov/pmc/articles/PMC4363024/

2 2015 年研究論文「中東呼吸症候群冠狀病毒感染的病毒脫落和環境清潔」Viral Shedding and Environmental Cleaning in Middle East Respiratory Syndrome Coronavirus Infection，https://pubmed.ncbi.nlm.nih.gov/26788409/

3 氯消毒的科學，The science of chlorine-based disinfectant，https://www.cleanroomtechnology.com/news/article_page/The_science_of_chlorine-based_disinfectant/93824

4　英國公司 Aqualation Systems 網站文章「新型冠狀病毒（2019-nCoV）–Aqualation，有效預防和控制」Novel Coronavirus (2019-nCoV)–Aqualation, Effective Prevention and Control，https://www.aqualution.co.uk/2020/02/05/novel-coronavirus-2019-ncov-aqualution-effective-prevention-and-control/

5　美國公司 Pure&Clean Sports 新聞稿「Pure & Clean 次氯酸水產品的其他殺滅聲稱」Additional Kill Claims for Pure&Clean HOCl Products，https://pureandcleansports.com/blog/additional-kill-claims-for-pureclean-hocl-products/

2-6　冠狀病毒恐慌與次氯酸水的分析（下）

1　2018 年論文「局部次氯酸狀態報告：特定製劑的臨床相關性，潛在的作用方式和研究結果」Status Report on Topical Hypochlorous Acid: Clinical Relevance of Specific Formulations, Potential Modes of Action, and Study Outcomes，https://www.ncbi.nlm.nih.gov/pmc/articles/PMC6303114/pdf/jcad_11_11_36.pdf

2　2020 年論文「局部穩定的次氯酸：皮膚病學和整形外科程序中傷口護理和疤痕處理的未來黃金標準」Topical stabilized hypochlorous acid: The future gold standard for wound care and scar management in dermatologic and plastic surgery procedures，https://pubmed.ncbi.nlm.nih.gov/31904191/

3　2016 年論文「在面對伊波拉病毒的社區中尋求更明確的手衛生建議：隨機試驗，研究六種洗手方法對皮膚刺激和皮膚炎的影響」Seeking Clearer Recommendations for Hand Hygiene in Communities Facing Ebola: A Randomized Trial Investigating the Impact of Six Handwashing Methods on Skin Irritation and Dermatitis，https://www.ncbi.nlm.nih.gov/pmc/articles/pdf/pone.0167378.pdf

4　2018 年文章，人類，動物和環境微生物群系之間的一種健康關係：簡短回顧，One Health Relationships Between Human, Animal, and Environmental Microbiomes: A Mini-Review，https://www.frontiersin.org/articles/10.3389/fpubh.2018.00235/full

Part 3

新科技還是偽科學？

3-1　電子菸的安全分析

1　「菲利普莫里斯自己的在美國人潛在危害生物標誌物的體內臨床數據顯示，IQOS 與傳統香菸沒有可驗出的差別」PMI's own in vivo clinical data on biomarkers of potential harm in Americans show that IQOS is not detectably different from conventional cigarettes，https://tobaccocontrol.bmj.com/content/27/Suppl_1/s9

2　「電子尼古丁和非尼古丁傳送系統」Electronic Nicotine and Non-nicotine Delivery Systems，https://www.euro.who.int/__data/assets/pdf_file/0009/443673/Electronicnicotine-and-non-nicotine-delivery-systems-brief-eng.pdf

3   2019 年 2 月 14 號《新英格蘭醫學雜誌》論文「電子菸與尼古丁替代療法的隨機試驗」A Randomized Trial of E-Cigarettes versus Nicotine-Replacement Therapy，https://www. nejm.org/doi/full/10.1056/NEJMoa1808779?query=recirc_curatedRelated_article

4   2020 年 5 月 4 號論文「美國年輕人對 Juul 的認知」Youth Perceptions of Juul in the United States，https://jamanetwork.com/journals/jamapediatrics/article-abstract/2765158

5   2016 大型分析論文「現實世界和臨床環境中的電子菸和戒菸：系統評價和薈萃分析」，E-cigarettes and Smoking Cessation in Real-World and Clinical Settings: A Systematic Review and Meta-Analysis，https://pubmed.ncbi.nlm.nih.gov/26776875/

3-2　從戒菸到戒命，電子菸的爭議探討

1   Kron4 News，21st vaping death reported in U.S.，https://www.kron4.com/news/21st-vaping-death-reported-in-u-s/

2   2019 年 NEJM 論文「伊利諾州和威斯康辛州使用電子菸有關的肺部疾病－初步報告」Pulmonary Illness Related to E-Cigarette Use in Illinois and Wisconsin—Preliminary Report，https://www.nejm.org/doi/pdf/10.1056/NEJMoa1911614?articleTools=true

3   2019 年 NEJM 論文「Vape 電子菸與富含脂質的肺部巨噬細胞」Pulmonary Lipid-Laden Macrophages and Vaping，https://www.nejm.org/doi/full/10.1056/NEJMc1912038

4   2019 年 NEJM 論文「Vape 電子菸相關的肺部疾病斷層掃描影像」Imaging of Vaping-Associated Lung Disease，https://www.nejm.org/doi/full/10.1056/NEJMc1911995

5   2019 年 10 月 2 日 NEJM 論文「Vape 電子菸相關的肺部損傷病理學」Pathology of Vaping-Associated Lung Injury，https://www.nejm.org/doi/full/10.1056/NEJMc1913069?url_ver=Z39.88-2003&rfr_id=ori:rid:crossref.org&rfr_dat=cr_pub%3dpubmed

6   《華盛頓時報》2019 年 10 月 2 號文章「研究者表示維他命 E 不太可能是 Vape 電子菸相關病徵的主因」Researchers Say Vitamin E Likely Isn't the Culprit in Vaping-Related Ailments，https://www.wsj.com/articles/researchers-say-vitamin-e-unlikely-culprit-in-vaping-related-ailments-11570050000

7   Willamette Week「科羅拉多州實驗室的結果表明，電子菸案件中的新罪魁禍首：便宜的電子菸筆中使用的一種特殊化學品」Colorado Lab Results Point to New Culprit in Vaping Cases: A Specific Chemical Used in Cheap Vape Pens，https://www.wweek.com/news/state/2019/10/07/colorado-lab-results-point-to-new-culprit-in-vaping-cases-a-specific-chemical-used-in-cheap-vape-pens/

8   美國 CDC 2019 年 10 月 3 號文章「與使用電子菸或霧化菸有關的肺損傷暴發」Outbreak of Lung Injury Associated with E-Cigarette Use, or Vaping，https://www.cdc.gov/tobacco/basic_information/e-cigarettes/severe-lung-disease.html

3-3　LSD，是毒還是藥？

1   「綠十字健康網」文章「搖腳丸 Lysergic acid diethylamide（LSD）的毒害」https://

www1.cgmh.org.tw/intr/intr2/c31570/greencross/www.greencross.org.tw/drugabuse/LSD.html

2　2020 年回顧性的論文「LSD 在精神病學中的治療用途：隨機對照臨床試驗的系統評價」Therapeutic Use of LSD in Psychiatry: A Systematic Review of Randomized-Controlled Clinical Trials，https://www.ncbi.nlm.nih.gov/pmc/articles/PMC6985449/

3　美國臨床試驗註冊網站 2019 年註冊的臨床試驗「針對重度抑鬱症患者的 LSD 治療（LAD）」LSD Therapy for Persons Suffering From Major Depression (LAD)，https://clinicaltrials.gov/ct2/show/NCT03866252

4　多學科迷幻藥研究協會，Multidisciplinary Association for Psychedelic Studies，https://maps.org/research/psilo-lsd

5　澳洲「酒精和藥物基金會」網站文章「LSD 作為治療方法」LSD as a therapeutic treatment，https://adf.org.au/insights/lsd-therapeutic-treatment/

6　《鏡周刊》2017 年 9 月 5 號「我認識的每一位億萬富翁，幾乎都固定服用致幻劑」https://www.mirrormedia.mg/story/20170829int_siliconvalleylsd/

7　NIDA：LSD 不被認為是一種令人上癮的藥物，因為它不會導致無法控制的藥物尋求行為。https://www.drugabuse.gov/publications/drugfacts/hallucinogens

8　Microdosing LSD，https://www.addictioncenter.com/drugs/hallucinogens/lsd-addiction/microdosing-lsd/

9　2019 年論文「微劑量 LSD 對時間知覺的影響：一項隨機、雙盲、安慰劑對照的試驗」The Effects of Microdose LSD on Time Perception: A Randomised, Double-Blind, Placebo-Controlled Trial，https://pubmed.ncbi.nlm.nih.gov/30478716/

10　《科學人》雜誌文章「微劑量 LSD 會改變您的想法嗎？」Do Microdoses of LSD Change Your Mind? https://www.scientificamerican.com/article/do-microdoses-of-lsd-change-your-mind/

11　比爾蓋茲訪問，https://www.businessinsider.com/bill-gates-lsd-psychedelics-2017-2

3-4　精油騙局與詐騙首府猶他州

1　doTERRA 紅血球測試影片 https://www.youtube.com/watch?v=Od3szBD_PTA&list=PLnFSr9e5tLsnt4PB94av7r7ykeQ2ytCRx

2　不，精油不能幫你清除呼吸裡的加州大火的煙塵，No, "Essential Oils" Will Not Clear the California Fire Smoke Out of Your Air，https://www.motherjones.com/environment/2017/10/its-delusional-to-think-essential-oils-will-clear-the-california-fire-smoke-out-of-your-air/

3　KSL 電視台文章「猶他州應該得到『美國的詐騙首府』的稱號嗎？」Does Utah deserve the title 'fraud capital of the United States'? https://www.ksl.com/article/46541729/does-utah-deserve-the-title-fraud-capital-of-the-united-states

4　2019 年 5 月 10 號 KSL 電視文章「猶他州：美國詐騙首府。又來了？」Utah: fraud capital USA. Déjà vu all over again? https://kslnewsradio.com/1905347/utah-fraud-capital-usa-deja-vu-all-over-again/

5　2019 年 5 月 1 號，鹽湖城報紙 Desert News 文章「為什麼猶他州人如此容易遭受詐騙」

Why Utahns are so susceptible to fraud，https://www.deseret.com/2019/5/1/20672056/jay-evensen-why-utahns-are-so-susceptible-to-fraud

6　2016 年 9 月 6 號 鹽湖城 KUTV 電視台文章「追逐利潤：摩門教文化如何使猶他州成為多層次營銷的溫床」Follow the profit: How Mormon culture made Utah a hotbed for multi-level marketers，https://kutv.com/news/local/follow-the-profit-how-mormon-culture-made-utah-a-hotbed-for-multi-level-marketers

7　2018 年 5 月 15 號楊百翰大學學報「猶他州直銷爆炸」Utah MLM explosion，https://universe.byu.edu/2018/05/15/utah-shows-more-multi-level-marketing-activity-than-any-other-state-1/

8　網路新聞 TPM 文章「猶他州如何成為快速致富計畫的中心點，怪誕又幸福」How Utah Became a Bizarre, Blissful Epicenter for Get-Rich-Quick Schemes，https://talkingpointsmemo.com/theslice/mormon-utah-valley-multilevel-marketing-thrive-doterra

9　《贊成或反對多層次營銷的案例》The Case (for and) against Multi-level Marketing，https://www.mlmwatch.org/01General/taylor.pdf

3-5　不沾鍋和爽身粉，謠言與毒性分析

1　2020 年 4 月 6 號《星洲日報》「陳頭頭／ Dark Waters，當我們活在共毒時代」https://www.sinchew.com.my/content/content_2247135.html

2　「杜邦對於黑水風暴的回應」DuPont Responds to Dark Waters Film，https://www.investors.dupont.com/investors/dupont-investors/Dark-Waters-Response/default.aspx

3　美國癌症協會文章，Perfluorooctanoic Acid (PFOA), Teflon, and Related Chemicals，https://www.cancer.org/cancer/cancer-causes/teflon-and-perfluorooctanoic-acid-pfoa.html

4　2008 年論文「估計消費者接觸 PFOS 和 PFOA 的機會」（Estimating Consumer Exposure to PFOS and PFOA，https://onlinelibrary.wiley.com/doi/abs/10.1111/j.1539-6924.2008.01017.x

5　美國環保署，Draft Toxicity Assessments for GenX Chemicals and PFBS，https://www.epa.gov/sites/production/files/2018-11/documents/factsheet_pfbs-genx-toxicity_values_11.14.2018.pdf

6　美國癌症協會、美國卵巢癌研究基金聯盟、哈佛大學、梅友診所對於滑石粉的說明。https://www.cancer.org/cancer/cancer-causes/talcum-powder-and-cancer.html；https://ocrahope.org/2018/07/what-you-need-to-know-about-talcum-powder-and-ovarian-cancer/；https://newsnetwork.mayoclinic.org/discussion/talking-about-talcum-powder/

7　2016 年 11 月 27 日研究報告「灌洗、滑石使用以及卵巢癌風險」Douching, Talc Use, and Risk of Ovarian Cancer，https://pubmed.ncbi.nlm.nih.gov/27327020/

3-6　精準醫學和功能醫學，名詞的濫用與真相

1　「精準醫學檢驗，奇美醫院健康管理中心提供『微營養素』檢測」https://news.sina.com.

tw/article/20200702/35641240.html

2　《健康雲》「精準醫學檢驗 讓您聰明補充微營養素」https://health.ettoday.net/news/1750835?redirect=1

3　美國白宮檔案文件「精準醫學啟動」THE PRECISION MEDICINE INITIATIVE，https://obamawhitehouse.archives.gov/precision-medicine

4　2016 年論文「補充劑悖逆：微不足道的益處，強大勁爆的消費」The Supplement Paradox: Negligible Benefits, Robust Consumption，https://jamanetwork.com/journals/jama/article-abstract/2565733

5　2018 年論文「維他命和礦物質補充劑：醫生需要知道的事」（Vitamin and Mineral Supplements：What Clinicians Need to Know，https://pubmed.ncbi.nlm.nih.gov/29404568/

6　2019 年論文「美國成年人膳食補充劑使用，營養素攝入量和死亡率之間的關聯：隊列研究」Association Among Dietary Supplement Use, Nutrient Intake, and Mortality Among U.S. Adults: A Cohort Study，https://pubmed.ncbi.nlm.nih.gov/30959527/

7　台灣衛福部「國民營養健康狀況變遷調查（102-105 年）」成果報告 https://www.hpa.gov.tw/Pages/Detail.aspx?nodeid=3999&pid=11145

8　2008 年文章「什麼是功能醫學？一個無法解讀的胡言亂語和描述性的文字沙拉」What is functional medicine? An indecipherable babble and descriptive word salad，https://sciencebasedmedicine.org/functional-medicine-new-kid-on-the-block/

9　2009 年文章「功能醫學，是什麼？」Functional Medicine (FM) What Is It? https://sciencebasedmedicine.org/fuctional-medicine-fm-what-is-it/

10　1991 年新聞「聯邦貿易委員會說不要相信奇蹟飲食和非處方護膚霜」FTC Says Forget About Miracle Diet, Over-The-Counter Skin Cream，https://apnews.com/article/cbfc6197b6d7e66498d8ce702c0f2404

11　1991 年新聞「聯邦貿易委員會對欺詐廣告提出訴訟」FTC FILES SUIT OVER `DECEPTIVE' ADS，https://www.deseret.com/1991/11/1/18949214/ftc-files-suit-over-deceptive-ads

12　1995 年報導「先前聯邦貿易委員會訴訟案的被告同意支付 45,000 美元的民事罰款以解決指控」Defendants in a previous FTC lawsuit agree to pay $45,000 civil penalty to settle charges，https://www.ftc.gov/reports/staff-summary-federal-trade-commission-activities-affecting-older-americans-during-1995-1996

13　1997 年報導「Metagenetics 和聯邦貿易委員會解決欺詐廣告訴訟」Metagenics and FTC Settle Deceptive Advertising Charges，https://www.ftc.gov/news-events/press-releases/1997/04/metagenics-and-ftc-settle-deceptive-advertising-charges

14　2003 年報導 FDA Warning Letter to Metagenics，https://quackwatch.org/cases/fdawarning/prod/fda-warning-letters-about-products-2003/metagenics/

15　2013 年報導 FDA Warning Letter to Metagenics，https://quackwatch.org/cases/fdawarning/prod/fda-warning-letters-about-products-2013/metagenics/

16　2013 年 FDA warning letter disallows 14 Metagenics products as medical foods，https://www.nutraingredients-usa.com/Article/2013/09/13/FDA-warning-letter-disallows-14-Metagenics-products-as-medical-foods

3-7 皮膚炎的謠言：寶特瓶與基因檢測

1   2020 年 10 月 15 號《鏡傳媒》「寶特瓶當水壺用一年，女童『皮膚發炎流湯』生理期提早」https://www.mirrormedia.mg/story/20201015edi010/
2   《醫師好辣》影片 https://youtu.be/vv-6veifH5I?t=1612
3   泛科學「PET 食物容器會溶出雙酚 A 嗎？ https://pansci.asia/archives/69377
4   健康雲 2016 年 7 月 21 號「寶特瓶底藏密碼 記好這口訣 就能倒滾 重複使用！」https://fashion.ettoday.net/news/738596
5   天下雜誌「裝水的寶特瓶可以重覆使用嗎？」https://www.cw.com.tw/article/5083572
6   三立新聞「探／每天都有可能喝到，瓶裝飲料是否有塑化劑」https://www.setn.com/News.aspx?NewsID=415953
7   關鍵評論「破除寶特瓶迷思：放在車內的瓶裝水不能喝？飲料沒填滿是偷工減料？」https://www.thenewslens.com/article/109607
8   新頭殼「用塑膠容器會吃到塑化劑？食藥署：避開這 5 條件就不用擔心」https://newtalk.tw/news/view/2020-01-14/354417
9   Very Well Fit「我可以重複使用我的塑料瓶嗎？」Can I Reuse My Plastic Water Bottles? https://www.verywellfit.com/can-i-reuse-my-bottled-water-bottle-3435422
10 PET Resin Association「PET 後面的科學」The Science Behind PET，http://www.petresin.org/science_behindpet.asp
11 NIH「NIH 支持的科學家展示了遺傳變異如何導致濕疹」NIH-Supported Scientists Demonstrate How Genetic Variations Cause Eczema，https://www.nih.gov/news-events/news-releases/nih-supported-scientists-demonstrate-how-genetic-variations-cause-eczema
12 2019 年論文「異位性皮膚炎的遺傳學：從 DNA 序列到臨床相關性」Genetics of Atopic Dermatitis: From DNA Sequence to Clinical Relevance，https://pubmed.ncbi.nlm.nih.gov/31203284/
13 2020 年論文，標題是「異位性皮膚炎的遺傳學和表觀遺傳學：最新的系統性回顧」Genetics and Epigenetics of Atopic Dermatitis: An Updated Systematic Review，https://www.ncbi.nlm.nih.gov/pmc/articles/PMC7231115/

3-8 逆轉失智症，到底有多難？

1   2014 年論文「逆轉認知功能下降：一項新的治療計劃」Reversal of cognitive decline: a novel therapeutic program，https://pubmed.ncbi.nlm.nih.gov/25324467/
2   2016 年論文「逆轉阿茲海默病中的認知功能下降」Reversal of cognitive decline in Alzheimer's disease，https://pubmed.ncbi.nlm.nih.gov/27294343/
3   2018 年論文「逆轉認知功能下降：一百位病患」Reversal of Cognitive Decline: 100 Patients，https://www.omicsonline.org/open-access/reversal-of-cognitive-decline-100-patients-2161-0460-1000450-105387.html
4   2019 年美國聯邦貿易委員會報導，Court Rules in FTC's Favor Against Predatory Academic Publisher OMICS Group; Imposes $50.1 Million Judgment against Defendants

That Made False Claims and Hid Publishing Fees，https://www.ftc.gov/news-events/press-releases/2019/04/court-rules-ftcs-favor-against-predatory-academic-publisher-omics

5 Apollo Health 公司官網，https://www.apollohealthco.com/

6 2020 年 5 月《柳葉刀神經學》「我們可以相信阿茲海默的終結嗎？」Can we trust The End of Alzheimer's? https://www.thelancet.com/journals/laneur/article/PIIS1474-4422(20)30113-7/fulltext

7 Hope and Hype for Alzheimer's，https://www.skeptic.com/reading_room/alzheimers-cure-prevention-false-claims/

8 Kaiser Health News「阿茲海默公司：同事質疑科學家防止記憶力減退的昂貴食譜」Alzheimer's Inc.: Colleagues Question Scientist's Pricey Recipe Against Memory Loss，https://khn.org/news/article/alzheimers-inc-colleagues-question-scientists-pricey-recipe-against-memory-loss/

9 CNN「早期結果表明，實驗性阿茲海默症藥物可減緩患者的認知功能下降」Experimental Alzheimer's drug could slow cognitive decline in patients, early results suggest，https://edition.cnn.com/2021/03/13/health/alzheimers-donanemab-cognitive-decline/index.html

10 《新英格蘭醫學期刊》「Donanemab 用在早期阿茲海默症」Donanemab in Early Alzheimer's Disease，https://www.nejm.org/doi/full/10.1056/NEJMoa2100708

11 WebMD「新藥可以幫助緩解阿茲海默症嗎？」Could a New Drug Help Ease Alzheimer's? https://www.medicinenet.com/script/main/art.asp?articlekey=253374&ecd=mnl_day_031521

12 The Motley Fool「為什麼禮來公司成功的阿茲海默症研究如此令人失望」Why Eli Lilly's Successful Alzheimer's Disease Study Was So Disappointing，https://www.fool.com/investing/2021/03/15/eli-lilly-reports-underwhelming-alzheimers-disease/

Part 4

保健食品辨真偽

4-1 鹿胎盤幹細胞的直銷大騙局

1 Khaleej Times「阿拉伯聯合大公國部門發出針對鹿胎盤『神奇藥物』的警告」UAE ministry issues warning against deer placenta 'wonder drug' https://www.khaleejtimes.com/news/uae-health/uae-ministry-issues-warning-against-deer-placenta-wonder-drug

2 Gulf News「警告：鹿胎盤萃取物對人體有害」Warning: Deer placenta extract harmful for human consumption，https://gulfnews.com/uae/health/warning-deer-placenta-extract-harmful-for-human-consumption-1.2186529

3 菲律賓的 FDA 警告，Public Health Warning Against the Unapproved and Misleading Advertisements and Promotion of PURTIER Deer Placenta Plus Food Supplement Monitored from Various Websites on the Internet，https://ww2.fda.gov.ph/attachments/

article/510813/FDA%20Advisory%20No.%202018-192.pdf

4 英國《鏡報》「鹿胎盤老鼠會行銷和宣稱藥物的推動者可以幫助四期癌症」The deer placenta pyramid scheme and promoters who claim pills can help stage 4 cancer，https://www.mirror.co.uk/news/uk-news/oh-deer-new-pyramid-scheme-13657143

5 新加坡的《海峽時報》「衛生科學局警告總部位於新加坡的 Riway 停止癌症治療的虛假聲稱」HSA warns Singapore-based Riway to stop making false cancer cure claims，https://www.straitstimes.com/singapore/hsa-warns-riway-to-stop-false-claims

4-2 奇蹟海參與國寶牛樟芝的查證

1 澄清文章「關於癌症的真相？不要輕易被影響」The truth about cancer? Don't be easily swayed，https://www.inquirer.com/philly/blogs/diagnosis-cancer/The-truth-about-cancer-Dont-be-easily-swayed.html

2 《國家地理雜誌》文章 https://www.nationalgeographic.com/animals/invertebrates/facts/sea-cucumbers

3 紀念斯隆凱特琳癌症中心海參資訊專頁，https://www.mskcc.org/cancer-care/integrative-medicine/herbs/sea-cucumber

4 台灣食藥署在 2017 年 2 月 22 號公布的牛樟芝食品業專案稽查結果，https://www.mohw.gov.tw/cp-2622-4734-1.html

5 蘇慶華教授 2013 年發表的「台灣特有國寶牛樟芝」https://webcache.googleusercontent.com/search?q=cache:W5tcCrsZobAJ:https://www.ntsec.gov.tw/FileAtt.ashx%3Fid%3D2148+&cd=1&hl=zh-TW&ct=clnk&gl=tw

6 2016 年 7 月 24 日，牛樟芝的 6 種功效及副作用 - 到底有毒嗎？https://formulawave.com/antrodia-camphorata-benefits-side-effects/

7 牛樟芝市場分析，http://www.fankeshih.com.tw/fks/focus.html

8 牛樟芝食品管理及標示相關規定問答集 https://bit.ly/3lBoYFk

9 2015 年論文，A phase I multicenter study of antroquinonol in patients with metastatic non- small-cell lung cancer who have received at least two prior systemic treatment regimens, including one platinum-based chemotherapy regimen，https://pubmed.ncbi.nlm.nih.gov/26807250/

10 2016 年論文，A preliminary randomised controlled study of short-term Antrodia cinnamomea treatment combined with chemotherapy for patients with advanced cancer，https://pubmed.ncbi.nlm.nih.gov/27565426/

4-3 芝麻素與穀維素，吹捧與現實

1 2015 年論文，Sesame Lignans and Vitamin E Supplementation Improve Subjective Statuses and Anti-Oxidative Capacity in Healthy Humans With Feelings of Daily Fatigue，https://pubmed.ncbi.nlm.nih.gov/26153159/

2 2014 年論文，多種膳食補充劑對代謝和心血管健康沒有影響，Multiple dietary

supplements do not affect metabolic and cardiovascular health，https://www.ncbi.nlm.nih.gov/pmc/articles/PMC3969283/

3 統新生物科技，酵力覺醒【有酵芝麻素】

4 1997 年論文「阻力運動訓練中補充 γ - 穀維素的作用」The effects of gamma-oryzanol supplementation during resistance exercise training，https://pubmed.ncbi.nlm.nih.gov/9407258/

5 2005 年論文「在輕度高膽固醇血症的男性中，米糠油和不同的 γ - 穀維素具有相似的降膽固醇特性」Similar cholesterol-lowering properties of rice bran oil, with varied gamma-oryzanol, in mildly hypercholesterolemic men，https://pubmed.ncbi.nlm.nih.gov/15309429/

6 2014 年論文「補充 γ - 穀維素對慢性阻力訓練後健康男性人體測量和肌肉力量的影響」Effects of gamma oryzanol supplementation on anthropometric measurements & muscular strength in healthy males following chronic resistance training，https://pubmed.ncbi.nlm.nih.gov/25109720/

7 2016 年論文「芝麻和米糠油的混合物可降低高血糖症並改善血脂」A Blend of Sesame and Rice Bran Oils Lowers Hyperglycemia and Improves the Lipids，https://pubmed.ncbi.nlm.nih.gov/27046245/

8 2016 年論文，芝麻油和米糠油的混合物可降低輕度至中度高血壓患者的血壓並改善其脂質狀況，A blend of sesame oil and rice bran oil lowers blood pressure and improves the lipid profile in mild-to-moderate hypertensive patients，https://pubmed.ncbi.nlm.nih.gov/27055965/

9 2016 年論文「米糠油可降低人體總膽固醇和低密度脂蛋白膽固醇：隨機對照臨床試驗的系統評價和薈萃分析」Rice Bran Oil Decreases Total and LDL Cholesterol in Humans: A Systematic Review and Meta-Analysis of Randomized Controlled Clinical Trials，https://pubmed.ncbi.nlm.nih.gov/27311126/

10 2019 年論文「含 γ - 穀維素的米糠油可改善高脂血症受試者的血脂譜和抗氧化狀態：隨機雙盲對照試驗」Rice Bran Oil Containing Gamma-Oryzanol Improves Lipid Profiles and Antioxidant Status in Hyperlipidemic Subjects: A Randomized Double-Blind Controlled Trial，https://pubmed.ncbi.nlm.nih.gov/30265563/

4-4　直銷神藥能抗老？ SOMADERM 和 AgeLoc 的真相

1 DEA 2019 年 9 月文件，Human Growth Hormone，https://www.deadiversion.usdoj.gov/drug_chem_info/hgh.pdf

2 「廣告的真相」文章，WHAT YOU SHOULD KNOW ABOUT NEW U LIFE，https://www.truthinadvertising.org/what-you-should-know-about-new-u-life/

3 2010 年論文「從源頭控制皮膚中的活性氧，以減少皮膚老化」Controlling reactive oxygen species in skin at their source to reduce skin aging，https://pubmed.ncbi.nlm.nih.gov/19954332/

4 美國 FDA 文章「是真的 FDA 核准的嗎？」Is It Really 'FDA Approved? https://www.fda.gov/consumers/consumer-updates/it-really-fda-approved

5　美國 FDA「膳食補充劑產品和成分」Dietary Supplement Products & Ingredients，https://www.fda.gov/food/dietary-supplements/dietary-supplement-products-ingredients

6　美國 FDA「消費者使用膳食補充劑的資訊」Information for Consumers on Using Dietary Supplements，https://www.fda.gov/food/dietary-supplements/information-consumers-using-dietary-supplements

7　美國 FDA「膳食補充劑使用者提示」Tips for Dietary Supplement Users，https://www.fda.gov/food/information-consumers-using-dietary-supplements/tips-dietary-supplement-users

4-5　石榴、咸豐草，降血糖分析

1　Nutra ingredients 2014 年 8 月 24 號報導「富含抗氧化劑的石榴汁或許能幫助糖尿病患的血糖控管：人類數據」Antioxidant-rich pomegranate juice may aid blood sugar management for diabetics: Human data，https://www.nutraingredients-usa.com/Article/2014/08/25/Antioxidant-rich-pomegranate-juice-may-aid-blood-sugar-management-for-diabetics-Human-data

2　2014 年論文「新鮮石榴汁改善二型糖尿病人的胰島素阻抗，提升 β 細胞功能和降低飯前血糖」Fresh pomegranate juice ameliorates insulin resistance, enhances β-cell function, and decreases fasting serum glucose in type 2 diabetic patients，https://pubmed.ncbi.nlm.nih.gov/25223711/

3　美國的國家腎臟基金會警告，https://www.kidney.org/news/ekidney/january12/PomogranateJuice

4　「同中求異」的咸豐草三兄弟，http://bidens-pilosa.bravesites.com/BP

5　2000 年論文「Bidens pilosa 的降血糖炔屬糖苷」Antihyperglycemic acetylenic glucosides from Bidens Pilosa，https://pubmed.ncbi.nlm.nih.gov/10705745/

6　2015 年論文「咸豐草配方可改善男性血液穩態和 β 細胞功能：初步研究」Bidens pilosa Formulation Improves Blood Homeostasis and β-Cell Function in Men: A Pilot Study，https://pubmed.ncbi.nlm.nih.gov/25866541/

4-6　維他命 C 與太空人維他命

1　萊納斯‧鮑林研究所網站維他命 C 的網頁，https://lpi.oregonstate.edu/mic/vitamins/vitamin-C

2　1997 年論文「抗壞血酸通過預翻譯機制差異調節血管平滑肌細胞和皮膚成纖維細胞中的彈性蛋白和膠原蛋白的生物合成」Ascorbate differentially regulates elastin and collagen biosynthesis in vascular smooth muscle cells and skin fibroblasts by pretranslational mechanisms，https://pubmed.ncbi.nlm.nih.gov/8995268/

3　2019 年 12 月論文「細胞外基質，主動脈區域異質性和主動脈瘤」，Extracellular matrix, regional heterogeneity of the aorta, and aortic aneurysm，https://pubmed.ncbi.nlm.nih.gov/31857579/

4-7　補充維他命 D，嬰兒聰明又變高？

1　西雅圖兒童醫院報導「懷孕期間的維他命 D 水平與孩子智商有關，研究顯示在黑人婦女中存在不平等」Vitamin D Levels During Pregnancy Linked with Child IQ, Study Shows Disparities Among Black Women，https://pulse.seattlechildrens.org/vitamin-d-levels-during-pregnancy-linked-with-child-iq-study-shows-disparities-among-black-women/

2　2020 年論文「孕期孕婦血漿 25- 羥維他命 D 與 4-6 歲後代的神經認知發育呈正相關」Maternal Plasma 25-Hydroxyvitamin D during Gestation Is Positively Associated with Neurocognitive Development in Offspring at Age 4-6 Years，https://pubmed.ncbi.nlm.nih.gov/33136167/

3　2018 年論文「在特徵明確的前瞻性母嬰隊列中，產前維他命 D 狀態與 5 歲時的標準神經發育評估無關」Antenatal Vitamin D Status Is Not Associated with Standard Neurodevelopmental Assessments at Age 5 Years in a Well-Characterized Prospective Maternal-Infant Cohort，https://pubmed.ncbi.nlm.nih.gov/30169669/

4　2020 年《發現雜誌》「智商測試真的能衡量智力嗎？」Do IQ Tests Actually Measure Intelligence? https://www.discovermagazine.com/mind/do-iq-tests-actually-measure-intelligence

5　2020 年論文「我們如何可靠地衡量孩子的真實智商？ 社會經濟地位可以解釋大多數非語言能力的種族間差異」How Reliably Can We Measure a Child's True IQ? Socio-Economic Status Can Explain Most of the Inter-Ethnic Differences in General Non-verbal Abilities，https://www.frontiersin.org/articles/10.3389/fpsyg.2020.02000/full

6　美國全國天才兒童協會，https://www.nagc.org/resources-publications/gifted-education-practices/identification/tests-assessments

7　《科學》2011 年文章「智商真正在衡量什麼？」What Does IQ Really Measure? https://www.sciencemag.org/news/2011/04/what-does-iq-really-measure

8　2019 年 12 月 13 號「純母乳餵養兒童的維他命 D 軌跡、微量營養素狀況和兒童成長 」Trajectory of vitamin D, micronutrient status and childhood growth in exclusively breastfed children，https://www.nature.com/articles/s41598-019-55341-1#:~:text=In%20conclusion%2C%20children%20who%20were,became%20relatively%20slower%20after%20infancy.

9　2018 年 8 月 9 號《新英格蘭醫學期刊》「在妊娠和哺乳期補充維他命 D 以促進嬰兒生長」Vitamin D supplementation in pregnancy and lactation to promote infant growth，https://www.nejm.org/doi/full/10.1056/NEJMoa1800927

4-8　維他命 D 的活性和水溶性探討

1　美國國家科學院醫學研究所召集的「審查維他命 D 和鈣的飲食參考攝入量委員會」論文，「鈣和維他命 D 的飲食參考攝入量」，Dietary Reference Intakes for Calcium and Vitamin D，https://www.ncbi.nlm.nih.gov/books/NBK56061/

2　哈佛大學「維他命 D 與您的健康：打破舊規則，帶來新希望」Vitamin D and your health: Breaking old rules, raising new hopes，https://www.health.harvard.edu/staying-healthy/

vitamin-d-and-your-health-breaking-old-rules-raising-new-hopes

3　蒂姆·斯佩克特醫生的簡介，https://www.kcl.ac.uk/people/professor-tim-spector

4　蒂姆·斯佩克特醫生文章「維他命 D：用於假疾病的假維他命」（Vitamin D: a pseudo-vitamin for a pseudo-disease，https://theconversation.com/vitamin-d-a-pseudo-vitamin-for-a-pseudo-disease-101907

5　「維他命 D 總覽」Overview of Vitamin D，https://www.ncbi.nlm.nih.gov/books/NBK56061/

6　2020 年 7 月 23 號《新英格蘭醫學期刊》維他命 D 補充劑之用於預防結核病感染和疾病」Vitamin D Supplements for Prevention of Tuberculosis Infection and Disease，https://www.nejm.org/do/10.1056/NEJMdo005815/full/

4-9　海藻鈣與鈣質補充劑的問題

1　梅友診所，Calcium and calcium supplements: Achieving the right balance，https://www.mayoclinic.org/healthy-lifestyle/nutrition-and-healthy-eating/in-depth/calcium-supplements/art-20047097

2　2014 年論文「補充鈣和短鏈果糖低聚醣會影響停經後女性的骨轉換指標，但不會影響骨礦物質密度」Supplementation with calcium and short-chain fructo-oligosaccharides affects markers of bone turnover but not bone mineral density in post-menopausal women，https://pubmed.ncbi.nlm.nih.gov/24453130/

3　2015 年論文「鈣攝入和骨礦物質密度：系統評價和薈萃分析」Calcium Intake and Bone Mineral Density: Systematic Review and Meta-Analysis，https://pubmed.ncbi.nlm.nih.gov/26420598/

4　2015 年論文「鈣攝入與骨折風險：系統評價」Calcium Intake and Risk of Fracture: Systematic Review，https://pubmed.ncbi.nlm.nih.gov/26420387/

5　2017 年論文「鈣或維他命 D 補充與社區居住的老年人骨折發生率之間的關聯：系統評價和薈萃分析」Association Between Calcium or Vitamin D Supplementation and Fracture Incidence in Community-Dwelling Older Adults: A Systematic Review and Meta-analysis，https://jamanetwork.com/journals/jama/fullarticle/2667071

6　哈佛大學文章「鈣、維他命 D 和骨折（天哪！）」Calcium, vitamin D, and fractures (oh my!)，https://www.health.harvard.edu/blog/calcium-vitamin-d-fractures-oh-2018021213247

7　約翰霍普金斯大學文章「鈣補充劑：您應該服用嗎？」Calcium Supplements: Should You Take Them? https://www.hopkinsmedicine.org/health/wellness-and-prevention/calcium-supplements-should-you-take-them

8　2016 年美國心臟協會期刊報告，Calcium Intake From Diet and Supplements and the Risk of Coronary Artery Calcification and its Progression Among Older Adults: 10 Year Follow up of the Multi Ethnic Study of Atherosclerosis (MESA)）https://www.ahajournals.org/doi/full/10.1161/jaha.116.003815

9　《神經病學》研究報告，Calcium supplementation and risk of dementia in women with cerebrovascular disease，https://www.neurology.org/content/early/2016/08/17/WNL.0000000000003111

一心文化　science 006

偽科學檢驗站：

從食安、病毒到保健食品，頂尖醫學期刊評審的 50 個有問必答

作者　　　　林慶順（Ching-Shwun Lin, Phd）
編輯　　　　蘇芳毓
美術設計　　柯俊仰
內文排版　　polly（polly530411@gmail.com）
出版　　　　一心文化有限公司
電話　　　　02-27657131
地址　　　　11068 臺北市信義區永吉路 302 號 4 樓
郵件　　　　fangyu@soloheart.com.tw
初版一刷　　2021 年 5 月

總 經 銷　　大和書報圖書股份有限公司
電話　　　　02-89902588
定價　　　　399 元

國家圖書館出版品預行編目（CIP）

偽科學檢驗站：從食安、病毒到保健食品，頂尖醫學期刊評審的 50 個有問必答 /
林慶順著 . -- 初版 . -- 台北市：一心文化出版：大和發行 , 2021.05
　　面；　公分 . -- (science; 6)

ISBN 978-986-98338-6-8(平裝)

1. 家庭醫學　2. 保健常識

429　　　　110004516